CHEERS

湛庐

与最聪明的人共同进化

HERE COMES EVERYBODY

U0172672

CHEERS
湛庐

Foundations of Earth Science

极地深海地球科学

2

Frederick K. Lutgens
Edward J. Tarbuck

[美]
弗雷德里克·K. 卢金斯
爱德华·J. 塔巴克
著

彭玉恒 武于靖 朱晗宇 译

浙江教育出版社·杭州

地球的奥秘，你了解多少？

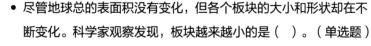

- 尽管地球总的表面积没有变化，但各个板块的大小和形状却在不断变化。科学家观察发现，板块越来越小的是（　）。（单选题）

  A. 非洲板块

  B. 南极板块

  C. 美洲板块

  D. 太平洋板块

- 在地震时，我们看到建筑物被破坏并感受到晃动，这些都属于（　）的讨论范畴。（单选题）

  A. 震级

  B. 烈度

- 人们往往是在饮用水受到影响并且生病之后才会发现地下水被污染了。这是因为（　）。（单选题）

  A. 对污染源不了解

  B. 很多人还在直接饮用井水

  C. 人们对地下水的监控失职

  D. 地下水的运动缓慢，很难探测

扫描左侧二维码查看本书更多测试题

第一部分　风与水，大自然的"雕塑家"

第三部分　潮涨潮落，永不停歇的海洋

Foundations
of Earth Science

第一部分

风与水，
大自然的“雕塑家”

Foundations
of Earth Science

01

水如何"雕刻"地球？

妙趣横生的地球科学课堂

- 为什么我们身边会发生滑坡?

- 水是如何在地球上的每个角落中循环的?

- 地表水如何发展为河流?

- 为什么在河道中游泳要小心?

- 河流如何塑造地貌?

- 瀑布是如何形成的?

- 深邃峡谷是如何形成的?

- 三角洲是如何形成的?

- 为什么说洪水不是"天生爱作恶"?

- 一个人每天会用多少地下水?

- 井究竟需要打多深?

- 地下水被污染的后果是什么?

- 滴水穿石到底是什么原理?

地球既"铁石心肠"，又"柔情似水"。坚硬的外表在内部能量的驱动下，逐渐形成了火山、地震、海洋盆地和山脉，而在重力和太阳能量的驱动下，经由不同气候作用、水文循环和生物活动、侵蚀与风化，地球表面被雕刻出了各种各样的地貌与独特的景观，如雪白晶莹的冰川地貌、风力侵蚀而成的风蚀地貌、有溶洞和天坑等地物的喀斯特地貌、红色砂岩和砾岩构成的丹霞地貌等。在本章中，我们将注意力转向塑造地球表面的外部过程，并探讨由流水侵蚀、搬运和堆积作用形成的水成地貌。

Q1 为什么我们身边会发生滑坡？

地表从来都不是完全平坦的，而是由各种各样的斜坡组成的。这些斜坡中，有些陡峭险峻，有些则较为平缓，有些长而平缓，有些短而崎岖。有些山坡被土壤和植被覆盖，有些则由贫瘠的岩石和碎石组成。虽然大多数斜坡看起来是稳定不变的，但它们并不是静态的，因为重力会使岩石移动，重力作用下岩石、风化层和土壤的下坡运动便是物质坡移。在极端的情况下，运动可能缓慢且难以察觉。在另外一种极端情况下，它可能产生咆哮的泥石流或雷鸣般的岩石崩塌。快速的物质坡移，通常被称为滑坡。这些自然过程常常造成生命和财产损失，属于自然灾害（见图1-1）。

图 1-1　注意落石路标

山区常立有路标，提醒人们注意物质坡移的危险。2011 年 2 月 22 日，岩石因风化作用而变得脆弱，再加上陡峭的斜坡和地震的冲击，导致了新西兰基督城附近的岩崩。

资料来源：Marty Melville/Stringer/Getty Images。

　　尽管包括地质学家在内的许多人经常使用"滑坡"一词，但这个词在地质学中并没有明确的定义。事实上，它是一个流行的非技术术语，用于描述所有相对快速的物质坡移的形式。

物质坡移与地形发展

　　在大多数地貌的演化过程中，物质坡移作用往往紧随风化作用而来。地质学家把几个过程归在物质坡移作用的范畴之内，其中 4 种形式如图 1-2 所示。一旦风化作用使岩石变得脆弱和破碎，物质坡移就会将大量岩屑转移到下坡。在那里，溪流就像传送带一样将岩屑带走。虽然沿途可能会有许多中间休息站（intermediate stops），但沉积物最终会被运送到它的终极目的地：海洋。物质坡移和流水的共同作用产生了河谷，这是地球上最常见和最令人叹为观止的地貌之一，也是本章后面部分的重点论述内容。

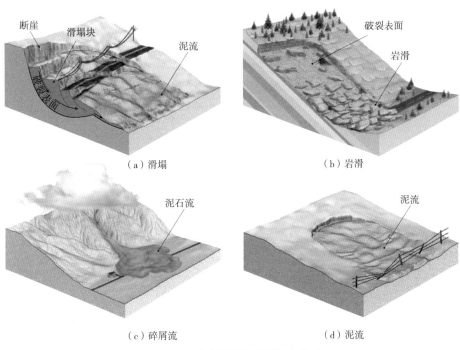

（a）滑塌　　　　　　　　　　　　　　　（b）岩滑

（c）碎屑流　　　　　　　　　　　　　　（d）泥流

图 1-2　4 种非常快速的物质坡移形式

图（a），大块岩石或未固结物质沿曲面整体向下滑动。图（b），大块的基岩松动并迅速滑下斜坡。图（c），含有大量水分的风化碎屑流。通常会沿着沟渠流下。有时也被称为泥石流。图（d），山坡上水饱和的富黏土壤的舌状流动发生断裂并向坡下移动。因为滑塌和岩滑中的物质沿着明确的表面运动，所以它们被描述为滑动。相反，当物质以黏稠流体的形式向下运动时，其运动被描述为流动。碎屑流和泥石流都以这种方式向坡下移动。

物质坡移塑造地形。随着时间的推移，物质坡移使岩屑、砂石等未固结物质移动，这一过程使地球上出现了不少奇特的地形。比如千沟万壑的中国黄土高原便是物质坡移作用的结果之一。由于长期受到风力和水力的侵蚀，黄土高原的地表土壤疏松，再加上较为干旱的气候、集中的降水，使得地表土壤在雨水冲刷下很容易发生物质坡移，逐渐形成沟壑和峡谷。

常见的山谷与河谷之所以会呈现不同的地形，也有物质坡移的作用。

如果只有河流的冲刷，那么山谷将非常狭窄。然而，大多数河谷的宽度大于深度，这一事实有力地说明了物质坡移向河流供应物质的重要性。峡谷的两壁延伸到离河流很远的地方，这是因为通过物质坡移过程，风化的岩屑转移到了河流及其支流中（见图 1-3）。河流和物质坡移以这种方式共同塑造了地表。当然，冰川、地下水、波浪和风也是塑造地貌并形成景观的重要因素。

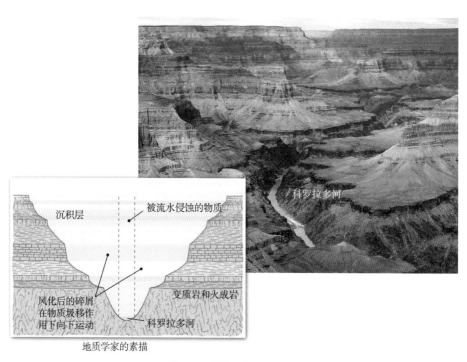

图 1-3　大峡谷的下切侵蚀

大峡谷的侧壁从科罗拉多河的河道一直延伸到远处。这主要是由于在物质坡移将风化的岩屑向坡下的河流及其支流搬运造成的。

资料来源：Bryan Brazil/Shutterstock。

坡移过程随时间变化。最迅速和最壮观的物质坡移事件，诸如山体滑坡、泥石流和雪崩等，往往会发生在崎岖不平、地质年代较为年轻的山区。新形成的山脉被河流和冰川迅速侵蚀成陡峭、不稳定的斜坡。正是在这种情况下,大规模的破坏性滑坡才会发生。当造山作用停止后,物质坡移和侵蚀作用会夷平土地。随着时间的推移,陡峭崎岖的山坡逐渐被平缓的地形所取代。因此,随着地貌年龄的增长,大量且快速的物质坡移过程会被较小、不那么剧烈甚至察觉不到的下坡运移所取代。

物质坡移的控制和触发

物质坡移是如何发生的? 首先,重力是物质坡移的控制力,但还有几个因素在克服物质惯性和产生下坡运移的趋势中也起着重要作用。早在滑坡发生之前,各种过程都在使坡上物质愈加疏松,使其越来越容易受重力拖曳的影响。在这段时间内,斜坡仍保持稳定,但越来越接近不稳定状态。最终,斜坡的强度被削弱到一定程度,然后在某种原因的作用下,斜坡的稳定状态被打破。这种引发下坡运移的事件被称为触发事件。请记住,触发事件并不是导致物质坡移的唯一原因,而是许多原因中最微不足道的一个。引发物质坡移过程最常见的因素有物质被水浸透饱和、斜坡坡度过大、固定水土的植被消失,以及地震引起的地面震动等。

> **你知道吗?**
>
> 美国地质调查局估计,美国每年因山体滑坡造成的总损失为 20 亿～ 40 亿美元。这是一个保守的估计,因为没有统一的方法或综合机构跟踪滑坡损失。

水的作用。当暴雨或融雪使地表物质出现水饱和状态时,就可能会引发物质坡移。当土壤和沉积物中的孔隙充满水时,会发生两件事:首先,水降低了颗粒之间的内聚力,使它们更容易相互移动,例如湿黏土非常光滑;其次,水会增加重量,使物质更容易

> **你知道吗?**
>
> 任何在海滩堆过沙堡的人都知道,随着水量的增加,土壤凝聚力会降低。将一点水和沙子混合,就可以让你建造出一座牢固的城堡。但如果加了太多水,沙子就会像液体一样渗出,导致城堡坍塌。

滑动或流下斜坡。

坡度过陡的斜坡。如果将干沙堆积起来，你会发现它形成了一个具有特定倾斜度的斜坡，这个坡角被称为休止角（见图1-4）。任何一种未固结的颗粒物质（砂粒或更粗的颗粒）都会表现出类似的行为。根据颗粒的大小和形状，休止角从25°到40°不等，颗粒越大、棱角越分明，形成的斜坡越陡。如果斜坡的角度超过了休

图 1-4　休止角

休止角是颗粒堆积物保持稳定的最陡角。更粗、磨圆度更差的颗粒可以维持更陡的斜坡。

资料来源：George Leavens/Science Source。

止角，那么斜坡上的物质最终会因为过度陡峭向下移动，直到重新建立稳定的角度。

虽然有内聚力的土壤和基岩等物质没有特定的休止角，但由此类物质构成的斜坡也可能坡度过陡，它们最终会通过物质坡移做出响应。实际上，坡度过陡是自然界中物质坡移的常见诱因，例如河流冲破谷壁或海浪侵蚀悬崖底部。人类活动也会造就过度陡峭的斜坡。

植被破坏。植被能抵抗侵蚀保护地形稳定，因为它们的根系能固定表层土壤。在缺乏植被的地方，物质坡移现象会增强，尤其是在斜坡陡峭且水量充足的情况下。当固定植被由于野火或人类活动被移除时，表面物质就会频繁向坡下移动。2017年12月，加利福尼亚州南部发生的野火是导致该区域在不到一个月后由暴雨引发泥石流的基础（见图1-5）。

图 1-5　野火导致的物质坡移

夏季，野火在美国西部的许多地区都很常见。每年有数百万英亩土地被烧毁。植被的损失加速了物质坡移的过程。

资料来源：George Rose/Getty Images。

地震触发。最重要和最引人注目的触发因素是地震。地震及其余震可以移动大量的岩石和松散物质。在地震多发的地区，造成最大破坏的往往不是直接的地面震动，而是由震动引发的山体滑坡和地面沉降。图 1-1 中的场景就是由地震触发的。

没有触发因素的山体滑坡。快速的物质坡移是否总是需要某种触发因素，例如大雨或地震，答案是否。许多事件的发生没有明显的触发因素。在长期风化、水的渗透或其他物理过程的影响下，坡体物质会随着时间逐渐被削弱。最终，如果坡体强度低于维持斜坡稳定性所需的强度，就会发生滑坡。此类事件的发生是随机的，无法准确预测。

Q2　水是如何在地球上的每个角落中循环的？

有着 "蓝色星球" 之称的地球，是太阳系中唯一一颗存在全球性海洋和水文循环的行星。

水对地球有着不可替代的意义。水是生命的必需品，所有生物体都需要水来维持生命。水也对地球地貌的形成和塑造有着非常重要的作用，通过侵蚀和沉积作用形成河谷、峡谷、山丘等地貌特征。水同样是物质循环的载体，不断地在地球的不同圈层，水圈、大气圈、地圈和生物圈间流动。这种无休止的循环叫作水文循环。作为地球上重要的物质循环之一，水文循环如同一个 "永动机"，也是一条 "纽带"，持续调节着地球各圈层间的能量，实现了地球生态环境的平衡和协调。

水圈，地球的水

水在地球上几乎无处不在，在海洋、冰川、河流、湖泊、空气、土壤和生物组织中都有水的存在。所有这些 "水库" 构成了地球的水圈。整个水圈的含水量约为 13.6 亿立方千米。其中大约有 96.5% 储存在海洋中，储存在冰盖和冰川中的水占了 1.76%，剩下略大于 2% 的水存在于湖泊、河流、地下水和大气圈中。虽然这最后一些水体中的水占地球总水量的百分比较小，但绝对量依旧很大。

水的路径。水文循环是一个巨大的全球性系统，由太阳能提供动力，其中大气是海洋和陆地联结的重要桥梁（见图 1-6）。蒸发是液态水变为水蒸气（气体）的过程，是水从海洋进入大气圈的方式，还有较少部分的水则会从陆地进入大气。风把潮湿空气输送到很远的地方，历经复杂的成云过程，最终形成降水。落入海洋的水已经完成了循环，并准备开始新的循环。然而，对落在陆地上的水来说，它必须先回到海洋才能开启下一次循环。

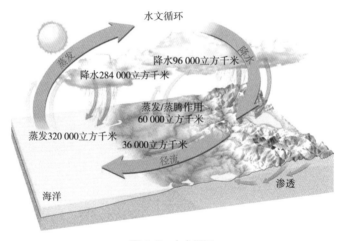

图 1-6 水文循环

图中用粗箭头标注了水在循环中的主要移动路径。数字代表该路径上平均每年通过的水量。

当降水落在陆地上时，一部分水会渗入地下（渗透），并缓慢地向下移动，然后横向移动，最后渗入湖泊、溪流，或直接进入海洋。当降水量超过地面的吸收能力时，溢出的水就会沿地表流入湖泊和小溪，这个过程叫作径流。由于土壤、湖泊和溪流的蒸发作用，大部分渗入地下或水管汇入径流的水最终会回到大气中，另外，渗入土壤的一部分水会被植物吸收，然后释放到大气中。这个过程叫作蒸腾作用。由于蒸发和蒸腾作用都涉及水从地表直接向大气的转移,它们通常被归在一起,统称为蒸散。

冰川储水。当降水落在非常寒冷的地方,例如高海拔或高纬度地区,水可能不会立即下渗、汇流或蒸发,而是成为雪原或冰川的一部分。通过这种方式,冰川将大量的水储存在陆地上,尤其是覆盖南极洲和格陵兰岛的巨大冰盖。在过去的 200 万年中,巨大的冰盖多次形成并融化,每次都会影响地球上的水循环。

> **· 你知道吗? ·**
>
> 根据美国水务协会的数据,美国家庭平均每天室内用水量为 0.586 立方米。厕所 (0.125 立方米)、洗衣机 (0.086 立方米)、淋浴和浴缸 (0.12 立方米) 是三大主要用水场景。每户每天的泄漏量超过 0.06 立方米。

水平衡。图 1-6 显示了每年参与水文循环的每个部分的水量。在一年的时间内,大气中循环的水的绝对数量是巨大的,足以覆盖地球整个表面约 1 米的深度。

水文循环是平衡的,这意味着全球平均年降水量等于通过蒸发蒸腾进入大气的水量。但是,请注意,对所有陆地区域而言,降水量超过蒸发量;而在海洋上,蒸发量超过降水量。因为世界海洋的水位没有下降,所以系统必须处于平衡状态。平衡的实现是因为每年有大量的水,大约 36 000 立方千米,从陆地流回海洋。

全球约 1/4 的降水落在陆地上,并在地表之上和之下流动。这些水是塑造地球陆地表面的最重要力量。本章接下来将介绍水流过地表的过程,包括洪水、侵蚀和山谷的形成。然后我们将观察地下水缓慢的流动过程,这一过程会形成泉水和洞穴,并在向海洋的漫长迁徙过程中为人们提供水源。

> **· 你知道吗? ·**
>
> 每年,一片农田可能会蒸发出面积相当于整片农田、深约 60 厘米的水,而相同面积的树木所蒸发的水量则是前者的 2 倍。

Q3　地表水如何发展为河流?

对于河流，我们并不陌生。以世界五大河流为例，尼罗河、亚马孙河、长江、密西西比河、黄河，不仅源源不断地为周边区域供给生态环境所需要的资源与能量，也分别孕育了各自地区的文明。那么，河流究竟是如何形成的呢?

通过前文我们能够得知，降落在陆地上的大部分降水要么进入土壤（渗透），要么留在地表，以径流的形式向低处流动。径流量取决于 5 个因素：降水的强度和持续时间、已经存在于土壤中的水量、地表物质的性质、陆地的坡度，以及植被的类型和数目。

当地表物质高度不透水或处于水饱和时，径流成为主导过程。径流在城市地区也很常见，因为城市的大片区域被不透水的建筑物、道路和停车场所覆盖。

径流最初以宽而薄的层状流动。这种不受限制的流动最终会发展为线形水流，这些细流形成了狭窄通道，被称为细沟。细沟汇合，形成冲沟，冲沟汇聚成溪流。最初，溪流很小，但两条汇集在一起时就会形成越来越大的溪流，最后形成河流。尽管河流和溪流这两个术语经常互换使用，但地质学家通常将溪流定义为在沟渠中流动的水体，无论其规模大小；而河流则一般用于描述水量较大并有许多支流的水体。

流域

每条河流所流经的土地被称为流域，如图 1-7 所示。流域之间被一条假想的界线隔开，这条界线被称为分水岭。分水岭在某些山区可能清晰可见，在地形平缓时通常难以确定。河流离开流域出口处的高度低于盆地的其余部分。

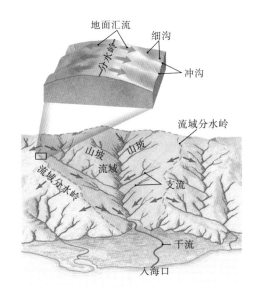

图 1-7 流域和分水岭

流域是指一条河流及其支流所流经的地区。流域之间的边界被称为分水岭。

分水岭大小不一,小到将山坡上两个小冲沟分开的小山脊,大到大陆分水岭,能将整个大陆分成几个巨大的流域。目前世界上流域面积最大的河流是亚马孙河,刚果河所在的流域则排名第二位。此外,密西西比河拥有美国最大的流域,汇集并携带了美国 40% 的流量(见图 1-8)。

图 1-8 密西西比河流域

密西西比河流域是北美最大的河流流域,面积约 300 万平方千米,由许多较小的流域组成。黄石河流域是向密苏里河供水的众多流域之一,而密苏里河流域又是构成密西西比河流域的众多流域之一。

河流系统

从河源流向河口，河流的中间过程并非只是水简单地从一头流向另一头，而是由许多部分构成。河流系统结构复杂，且各组成部分间通过水流、生物活动等相互作用。

河流系统不仅包括河道网络，还包括整个流域。根据在系统中发生的主导过程，河流系统可分为三个区域：产沙区（其中侵蚀作用占主导）、输沙区，以及沉积区，如图1-9所示。不过，我们应该认识到，在河流的任何区域，不论哪个过程占主导地位，侵蚀、运输和沉积现象都在发生。

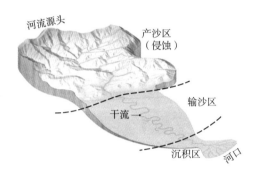

图1-9　河流分区

这三个区域的划分基于该部分河流系统中的主导过程。

产沙区。产沙区位于河流系统的源头区域，是大部分沉积物的来源。河流携带的许多沉积物最初是基岩，它们先是经过风化破碎，然后通过物质坡移和地表水流，被输送到坡下。河岸侵蚀也会产生大量的沉积物。此外，河床的冲刷加深了河道，也增加了河流的沉积物载荷。

输沙区。河流所含的沉积物会通过河道网络中被称为干流的河段运输。当干流处于平衡状态时，从河岸侵蚀的沉积物数量与在河道其他地方沉积下来的数量相等。虽然干流河道会随着时间的推移而改变，但它们不是沉积物的来源区域。

---◇ 你知道吗？ ◇---

北美最大的河流是密西西比河。在伊利诺伊州开罗市以南，密西西比河与俄亥俄河汇合的地方，密西西比河宽1.6千米。"强大的密西西比河"每年向墨西哥湾输送约5亿吨沉积物。

　　沉积区。当河流到达海洋或另一片大型水域时，它就会减速，输送沉积物的能量也会显著降低。大多数沉积物要么在河口处堆积而形成三角洲，要么被海浪重新塑造成各种沿海地貌，或者被洋流移到离岸较远的地方。由于粗粒沉积物往往沉积在上游，最终到达海洋的主要是细粒沉积物（黏土、粉砂和细砂）。总的来说，河流是通过侵蚀、迁移和沉积过程来移动地表物质和塑造地貌的。

Q4　为什么在河道中游泳要小心？

　　河流总是从高处向低处流动，河道中的水就是在重力的作用下向下游移动。在流动非常缓慢的溪流中，水流几乎沿着与河道平行的直线路径移动，这被称为层流（见图1-10a）。然而，河流通常还表现出湍流。在漩涡和涡流以及在翻滚的白浪急流中，可以观察到强烈的湍流（见图1-10b）。即使是表面看起来很平静的河流，在靠近河道的底部和两侧也经常会出现湍流。这就是为什么在河道中游泳具有一定的危险性。湍流还能将沉积物从河床上卷起，增强了河流侵蚀河道的能力。

（b）

图1-10　层流和湍流

大部分径流都是湍流。

资料来源：Michael Collier。

（a）

水的流速强烈影响湍流。随着水流速度的增加，水流变得更加湍急。由于河道中流动的水量会发生变化，流速在河流中的不同地方以及不同时间也会发生显著变化。如果你曾经渡过河，你可能已经注意到，当你进入河道更深处时，水流的强度会增加，这是因为靠近河岸和河床的摩擦力最大。

影响流速的因素

水流的侵蚀和输送物质的能力与流速相关。即使是流速的微小差异，也会导致水搬运沉积物载荷能力的显著变化。有几个因素都会影响流速，进而控制水流运载沉积物的能力。这些因素包括：河道梯度或坡度、河道大小和横截面形状、河道粗糙度，以及河道内的水流量。

坡度。河道的坡度也叫梯度，即水流在一定距离内的垂直落差。密西西比河下游部分的梯度很低，每千米只有 10 厘米甚至更低。相比之下，一些山区河流的海拔下降超过每千米 40 米，坡度是密西西比河下游的 400 倍。坡度差异不仅取决于河流的地势，还取决于河流的长度。坡度越大，水流的能量越大。如果两条河流除了坡度外，其他各方面都相同，那么坡度大的水流速度就更快。

河道的形状、大小和粗糙度。河道是引导水流的管道，但水在流动时会与河道产生摩擦。河道的形状、大小和粗糙度都会影响摩擦力的大小，使水流呈现不同的流速。较大的河道具有更快的水流，因为只有很少的水直接接触河道。光滑的河道有利于水流更均匀地流动，而遍布卵石的不规则河道会产生很多湍流，使水流明显变慢。

流量。河流的宽度不一，有不足一米宽的源头小溪，也有几千米宽的大河。河道的宽度大小在很大程度上取决于流域的供水量。最常用来比较河流大小的量度是流量：在给定的单位时间内流过某一点的水量。流量，通常以立方米 / 秒来衡量，通过水流的横截面积乘以流速来计算。

美国流量最大的河流密西西比河的平均流量为 16 800 立方米 / 秒。虽然这一水量十分惊人,但仍然比不上世界最大的河流——南美洲的亚马孙河(见图 1-11)。亚马孙流域是密西西比河的 2 倍,主要由年降雨量为 200 厘米甚至更多的热带雨林构成。

排名	河流	河口的平均流量 (1 000 英尺/秒)
1	密西西比河	593
2	圣劳伦斯河	348
3	俄亥俄河	281
4	哥伦比亚河	265
5	育空河	225
6	密苏里河	76
7	田纳西河	68

图 1-11 美国流量最大的 7 条河流

该地图显示了美国流量最大的 7 条河流。密西西比河是美国流量最大的河流。从源头到入海口,它有将近 3 900 千米长。它的流域覆盖了 48 个州 40% 的面积,包括 31 个州以及加拿大两个省的全部或部分地区。河口的平均流量约为每秒 16 800 立方米。

由于流域接收的降水量会变化,河流系统的流量也会随着时间的推移而变化。研究表明,当流量增加时,河道的宽度、深度和河水流速都会增加。正如我们之前看到的,当河道的宽度增加时,与河道的河床和河岸接触的水量成比例地减少,于是摩擦降低,导致水的流速增加。

─ 你知道吗?·

亚马孙河贡献了全球河流流入海洋淡水量的约 15%。亚马孙河的流量是密西西比河流量的 12 倍多!

从上游到下游的变化

如果想要了解河流在不同区段的地形变化、河床高程、河谷深度、河流坡度，乃至河流的地质构造、地貌特征、水文规律等更多信息，一种有效的方法是研究河流的纵剖面，即一条河流从源头到河口的横截面。河口指的是河流下游某一特定位置，河流自此流入另一个水体，如河流、湖泊或海洋等。如图 1-12 所示，对于一个典型的纵剖面，最显著的特征是从源头到河口，坡度不断减小。此外，大多数河流的剖面都存在局部不规则现象，但整体轮廓是相对平滑的凹曲线。

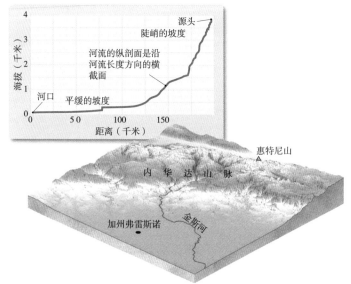

图 1-12　纵剖面

加利福尼亚州的金斯河发源于高海拔的内华达山脉，流入圣华金河谷。

在大多数河流剖面上观察到的坡度变化通常伴随着流量和河道宽度的增加，以及沉积物粒度的减小（见图 1-13）。例如，潮湿地区的大多数河流，流量朝河口方向增加。这并不奇怪，因为越往下游方向，就有越来越多的支流将汇入主河道。为了容纳不断增长的水量，河道通常会在下游变大。回想一下，大河道中的河流流速比小河道中的高。此外，观测表明，下游沉积物的粒度普遍减小，由于摩擦力的减小，使河道更平滑且更易于流动。

虽然坡度向河口方向减小,但流速通常增大。这一事实与我们的直觉相悖,即山间溪流水流湍急、水道狭窄,而更平缓地形中的河道宽阔、水流平静。实际上,下游河道的宽度和流量的增加,以及河道粗糙度的下降,弥补了坡度的降低,从而提高了河流的流动效率(见图 1-13)。因此,源头处河流的平均流速通常低于看似平静的宽阔河流。

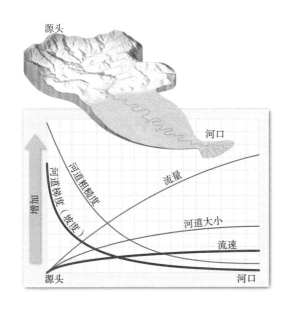

图 1-13 由源头到河口的河道变化

虽然坡度向河口方向减小了,但流量和河道宽度的增大,以及粗糙度的减小抵消了坡度的减小。因此,往河口方向的流速通常会增加。

Q5 河流如何塑造地貌?

河流是重要的自然地理要素之一,同时也具有破坏力。河流在流动过程中会对河床和两岸的岩石或土壤产生冲击和摩擦,从而破坏岩层和土层,使其遭到破坏、剥蚀、搬运和堆积。这种侵蚀作用不仅会对地表形态产生影响,还会对河流的水文、气候等方面产生影响。因此,河水是地球上最重要的侵蚀介质。它们不仅有加深和拓宽河道的能力,还有运输大量沉积物的能力。这些沉积物是通过坡面汇流、物质坡移和地下水输送到河流中的。最终,这些物质中的大部分沉积下来,塑造了各种各样的地貌。

河流侵蚀

　　河流堆积和搬运土壤以及风化岩石的能力得益于雨滴的作用，雨滴通过撞击使沉积物颗粒松动（见图1-14）。当地面水饱和时，雨水无法渗透，所以会顺着斜坡向下流动，带走了一些松动的物质。在贫瘠的斜坡上，含有泥沙的水流往往会形成小型的水道，然后几条水道合并在一起形成较大的水道。

　　当表面水流汇入河道，水的侵蚀力就会因水量的增加而显著增强。当水流速度足够大时，就会出现水力提升，使颗粒从河道中被剥离出来，并被裹挟到运动的水流中。通过这种方式，运动的水流会迅速侵蚀河床和河道两侧的固结较差的物质。有时，河岸可能会发生底切作用，导致更多松散碎屑掉进水中，然后顺流而下。除了侵蚀未固结的物质外，水流也可以在坚固的基岩中切出一条通道。基岩河道的河床和河岸被水流中携带的颗粒撞击，这一过程被称为磨蚀。这些颗粒大小不一，既有湍急水流中的大砾石，又有缓慢水流中的小沙砾。就像砂纸上的砂粒能磨损木头一样，河流携带的沙子与砾石也会磨蚀基岩河道。此外，漩涡携带的卵石就像"钻头"一样，可以在河道底部钻出圆形的壶穴（见图1-15）。

雨滴可能以接近每小时35千米的速度撞击地表。当雨滴击中暴露的表面时，土壤颗粒可能会飞溅到一米高，并落在距离雨滴撞击点一米多远的地方

带有沙和鹅卵石的漩涡长期存在时，就会通过磨蚀形成碗状的基岩注地，被称作壶穴。

图 1-14　雨滴冲击

被雨滴松动的土壤更容易被表面的流水搬运。

资料来源：USDA。

图 1-15　壶穴

涡流中旋转的鹅卵石就像钻头一样，创造了壶穴。

资料来源：StormStudio/ Alamy Stock Photo。

在灰岩等可溶性岩石中形成的基岩河道很容易受到溶蚀，即岩石被流水逐渐溶解的过程。溶蚀是一种化学风化作用，发生在河水溶液和构成基岩的矿物之间。

沉积物的搬运

所有河流，不论大小，都会搬运一些岩石物质（见图 1-16）。因为较细、较轻的物质要比较大、较重的颗粒更容易被携带，所以河流会对搬运的固体沉积物进行分选。河流以三种方式搬运载荷：在溶液中（溶解质），在悬浮液中（悬移质），沿河道底部滑动、跳动或滚动（推移质）。

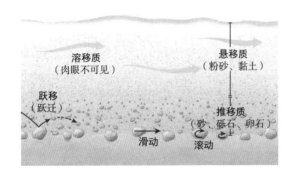

图 1-16　沉积物的输送

水流输送沉积物有三种方式。溶解质和悬移质的输送主要依靠水流的整体运动。推移质包括粗砂、砾石和卵石，它们通过滚动、滑动和跃移的方式移动。

溶解质。 大部分溶解质由地下水带入河流，并分散在水流中。当水渗过地面时，它获得了可溶的土壤化合物。然后水又渗入基岩的裂缝和孔隙，溶解可溶性矿物质。最终，这些富含矿物质的水大部分会流入河流。

水流的速度基本上不会影响河流携带溶解质的能力，水流到哪，溶液中的物质就会去到哪。当水的化学成分发生变化时，生物体生成硬质部分；或者水进入内陆盆地，或水体位于蒸发量较大的干旱气候区时，溶移质就会发生沉淀。

悬移质。 我们经常能看到，河流并非清澈见底，而是呈现浑浊的样子，实际上，河流载荷中最浑浊的部分就是悬移质造成的（见图 1-17），大多数河流的载荷主要是悬移质。通常只有由粉砂和黏土组成的细颗粒才能通过这种方式运输，但在洪水期间，悬移质的总量急剧增加，那些被大量悬移质覆盖的受灾家庭可以证明这一点。

图 1-17　悬移质

这条河浑浊的外观是悬移质造成的。

资料来源：Sergiy Trofimov Photography/Getty Images。

推移质。河流的一部分载荷由砂、砾石和少量巨砾构成。它们存在于河流的固体沉积物载荷中，这些更粗的颗粒由于太大而不能被悬浮搬运，而是沿河床底部移动，构成推移质。与不断运动的悬移质和溶移质不同，推移质只是间歇性运动发生在水的力量足以移动较大颗粒时。许多较小的颗粒，主要是砂和砾石，会以跃移的方式运动，即一系列弹跳或跳跃组成。较大的颗粒则会沿着底部滚动或滑动，具体取决于它们的形状。

载荷力和载荷量。河流携带固体颗粒的能力可用两个术语来描述：载荷量和载荷力。载荷量（capacity）是指水流在单位时间内所能搬运的固体颗粒的最大载荷。流量越大，河流搬运沉积物的容量就越大。因此，流速高的大河，载荷量也大。

载荷力。载荷力（competence）是衡量河流搬运颗粒的大小的能力。流速是关键，无论河道大小，流速快的都比流速慢的载荷力大。河流的载荷力与流速的平方成正比。因此,如果水流速度加倍,水的冲击力就增加4倍;如果速度增加3倍,力就增加9倍,以此类推。因此,在低水位时经常能看到一些平时似乎不能被搬动的巨大砾石,实际上这些大砾石可以在特大洪水中被冲走,因为此时河流的载荷力增强了。

现在你应该明白了,为什么在洪水期间沉积物会遭受最强烈的侵蚀和搬运。流量的增加造成了更大的载荷量,而流速的增加产生更大的载荷力。水流速度的增加使水流更加湍急,因此更大的颗粒开始运动。与河流正常流动的几个月相比,洪水期间的河流能在几天或几小时内侵蚀并搬运更多沉积物。

河流沉积物的沉淀

当水流变缓时,载荷力下降,沉积物开始下沉,最大的颗粒最先沉降。每种粒径的颗料都有一个临界沉降速度。当水流速度降低到特定粒径颗粒的临界沉降速度以下时,该类沉积物就开始沉降。通过这种方式,水流在搬运载荷的同时,还提供了一种机制来分离不同大小的固体颗粒,这个过程被称为分选,它解释了为什么大小相似的颗粒通常会沉积在一起。

在河流中沉淀的沉积物统称冲积物。很多不同的沉积地貌就是由冲积物构成的。有些沉积发生在河道内,有些发生在河道附近的谷底中,有些则在河口处。后文会介绍这些地貌的性质。

Q6 瀑布是如何形成的?

世界上最高的不间断瀑布是委内瑞拉楚伦河上的天使瀑布。这条河以美国飞行员吉米·安吉尔(Jimmie Angel)的名字命名,他是第一个飞越这个瀑布的人。在这个位置,河流骤降979米。

瀑布一般形成于比较陡峭的基岩河道之上，陡峭的基岩河道经常发育出一系列阶梯和水潭。阶梯是岩石出露的陡峭部分。水潭是相对平坦的部分，冲积物倾向于积聚在这里。

接下来，让我们一起来了解河道的成因，基岩河道和冲积河道。河道可以被认为是一个开放的管道，由河床和河岸组成，其中河岸起到限制水流的作用，但在洪水期间它们常常会失效。基岩河道是指水流切割坚硬岩石所形成的河道。而当河床和河岸主要由未固结的沉积物或冲积物组成时，它就被称为冲积河道。

基岩河道

水看似温柔，但是我们绝对不要被其平静的表面所迷惑，因为水流内部隐藏着强大的力量，犹如一把把锋利的尖刀，可以切割坚硬的岩石。基岩河道就是水流下切进入下伏地层形成的河道，通常形成于河流系统的源头，那里的河流坡度较大。高能量的水流可以搬运粗粒物质，会不断地磨蚀基岩河道。壶穴就是侵蚀力在工作的明显证据。河流切割基岩所表现出的河道模式受下方地质构造控制。即使在相当均匀的基岩上流动，溪流也倾向于呈现蜿蜒或不规则的形态，而不是以笔直的河道流动。在激流中漂流过的人，都应该领略过基岩河道的陡峭与蜿蜒。

冲积河道

与基岩河道有所不同，许多河道由松散的未良好固结的沉积物（冲积物）组成，这些河道便是冲积河道。由于沉积物会不断被侵蚀、搬运和再沉积，因此其形状经常会发生很大改变。影响这类河道形状的主要因素是被搬运物质颗粒的平均大小、河道坡度和流量。

冲积河道的模式反映了河流在消耗最少能量的同时，以匀速搬运载荷的能力。因此，明确所携带的沉积物颗粒的大小和类型有助于确定河道的性质。曲流河道和辫状河道是两种常见的冲积河道类型。

曲流河道。以悬浮方式搬运大部分沉积物，并且通常曲折流动的河流被称为曲流。这些河流在相对较深、较光滑的河道中流动，主要搬运泥浆（粉砂和黏土）。密西西比河下游的河道就属于这种类型。

当各个曲流在河漫滩上迁移时，曲流河道也会随之改变。大部分侵蚀集中在曲流的外侧，那里的流速和湍流程度最大。外侧的河岸会随时间逐渐被侵蚀，特别是在高水位期间。曲流的外侧是一个侵蚀活跃地带，常常被称为凹岸（见图1-18）。河流在凹岸处侵蚀所得的碎屑向下游移动，较粗的物质通常以点沙坝的形式沉积在河道内侧。以这种方式，曲流河通过在弯道外侧侵蚀、在内侧沉积而实现横向迁移，而其形状则不会发生明显改变。

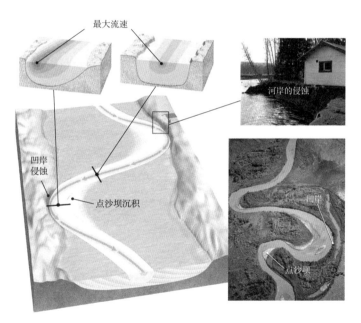

图 1-18　凹岸和点沙坝的形成

通过侵蚀外侧河岸并在河道内弯沉积物质，河流就能够迁移河道。

资料来源：右侧上方图，Michael Collier；

右侧下方图，P A Glancy/USGS。

除了横向迁移外，河道中的弯曲也沿山谷向下游迁移。这是因为曲流的下游

（下坡）一侧的侵蚀更严重。有时，当曲流遇到不易侵蚀的河岸物质时，它的下游迁移会减慢。这就导致下一段曲流的上游逐渐侵蚀这两段曲流之间的部分（见图 1-19）。最终，河流可能会侵蚀掉这段狭窄的土地，形成一个更短的新河段，被称为截流。这个废弃的弯形水道因为其形状而被称为牛轭湖。

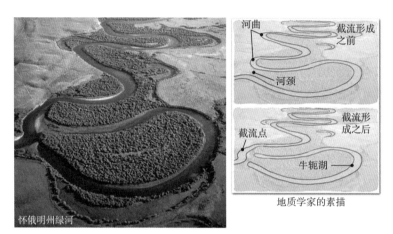

图 1-19　牛轭湖的形成

牛轭湖是废弃的曲流。鸟瞰图是怀俄明州布朗克斯附近蜿蜒的格林河形成的牛轭湖。

资料来源：Michael Collier。

辫状河道。一些溪流是由交汇和分流河道组成的复杂网络，这些河道蜿蜒穿过众多岛屿或砾石坝。这些交织的河道叫作辫状河道，它们大多形成于河流的载荷大部分是粗粒的物质（砂和砾石）并且流量变化很大的地方。因为堤岸物质很容易被侵蚀，所以辫状河道又宽又浅。

形成辫状河流的一种环境是在冰川的末端，那里的流量有很大的季节性变化（见图 1-20）。夏季，大量被冰侵蚀的沉积物落入从冰川流出的融水流中。然而，当水流缓慢时，水流会将最粗的物质沉积为一种被称为沙坝的细长结构。此过程导致河流在沙坝周围分出几条河道。在下一个高流量时期，横向移动的河道侵蚀并重新沉积大部分粗粒沉积物，从而改变整个河床。在一些辫状河中，沙坝变成了被植被固定的半永久性岛屿。

图 1-20 辫状河

新西兰的拉凯阿河是一条辫状河，它有多条河道，河道之间被迁移的砾石沙坝分隔。

资料来源：Colin Monteath/age Fotostock/Alamy Stock Photo。

Q7 深邃峡谷是如何形成的？

位于美国黄石国家公园内的黄石河大峡谷，以其独特的自然风光和丰富的野生动物而闻名。它的形成源于黄石公园地壳的抬升和河流的侵蚀作用。在过去的数百万年里，黄石河持续地切割并侵蚀地壳，逐渐形成了今天所见的深邃峡谷。黄石河河段是典型的 V 形河谷。

水通过冲刷、搬运、渗透、侵蚀、沉积等方式，改变着地表的地貌。其中，河谷是河流地质作用在地表所造成的槽形地带。

河流在风化作用和物质坡移的共同作用下，塑造了流经区域的地貌。因此，河流不断改变着它们所在的河谷。河谷不仅包括河道，还包括直接为河流供水的周围地体，包括谷底和谷壁。谷底是部分或全部被河道占据的较低较平坦的区域，从谷底两侧上升的相对陡峭的坡面是谷壁。

河谷可以狭窄陡峭，也可能平坦宽阔而无法辨认谷壁。冲积河道通常在河谷中流动，宽阔的河床由河道中的砂和砾石组成，以及洪水期间在河道旁沉积的黏土和细沙。此外，基岩河道往往出现在狭窄的 V 形河谷中。在一些干旱地区，由于风化作用缓慢，且岩石特别耐侵蚀，形成了几乎垂直于谷壁的狭窄山谷。这种独特的地貌被称为狭缝谷。

基准面与河流侵蚀

在具体探讨河谷的形成及其两大类型前，我们首先要了解一点，河流不可能无休止地把河道侵蚀得越来越深。河流的侵蚀深度有一个下限，这个下限叫作基准面。在大多数情况下，河流的基准面出现在河流进入海洋、湖泊或另一条河流的地方。

基准面一般有两种。海平面被视为终极基准面，因为它是河流侵蚀使地面变低的最低水平面。临时基准面或局部的基准面包括湖泊、耐风化岩石层，以及某些干流（它是其支流的基准面）。例如，当一条河流进入湖泊时，它的流速迅速接近于零，并失去侵蚀能力。因此，湖泊可以防止河流在上游的任何地方侵蚀到基准面以下的区域。然而，由于湖泊的出水口可以向下侵蚀并排尽湖水，因此湖泊只是河流对河道进行下切侵蚀的一个暂时阻碍。瀑布边缘的耐风化岩石层也是临时基准面。在坚硬的岩架消失之前，它都会限制上游的下切能力。

基准面的任何变化都将造成河流活动的相应调整。沿河流建造水坝时，形成的水库会抬高河流的基准面（见图 1-21）。大坝上游的坡度减小，降低了河流的流速，从而降低了河流的沉积物搬运能力，流水中的沉积物将沉淀下来。这使河床发生了抬升。在河道的坡度未提高到足以搬运其载荷之前，沉积过程将占据主导地位。

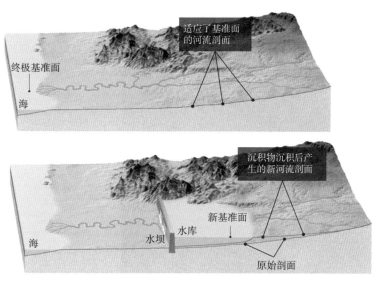

图 1-21　建造大坝

水库上游的基准面升高，这降低了河流的流速，减小了坡度，导致沉积作用加剧。

河谷加深

当一条河流的坡度很大，河道远高于基准面时，下切作用将占主导地位。推移质沿河床的滑动和滚动造成的磨蚀作用，以及快速水流具有的液压力，会使河床不断加深，最终会形成一个谷壁陡峭的 V 形河谷。图 1-22 所示的黄石河河段就是典型的 V 形河谷。

V 形河谷最显著的特征就是急流和瀑布。这两种情况都发生在河流梯度明显增大的地方，通常是由河流下切耐侵蚀性不同的基岩引起的。耐侵蚀的岩层是上游的临时基准面，同时下游的下切还在继续，从而在该处形成了急流。随着时间的推移，侵蚀作用通常会使坚硬的岩石消磨殆尽。瀑布出现在河流制造出突变的垂直落差之处。

图 1-22　黄石河

V 形河谷、急流和瀑布表明，这条河正在急速下切。

资料来源：Charles A. Blakeslee/AGE Fotostock。

河谷加宽

与 V 形河谷两壁较陡、谷底狭窄、沿河多急流和瀑布不同，一旦河流将河道下切到接近基准面的高度时，向下的侵蚀作用就会减弱。此时，河道会呈现一种蜿蜒的形式，水流的能量更多地向两侧传递。河流对河岸的侧切，导致了河谷的加宽（见图 1-23）。河流曲流在流动过程中会持续侧向侵蚀所经过的区域，这一过程会造就一个越来越宽的由冲积层所覆盖的平坦河谷。这种地形被称为河漫滩。这个名字很贴切，因为洪水期间当河水漫过河岸时，就会淹没这片区域。

随着时间的推移，河漫滩会变宽，直到遇到正在被侵蚀的谷壁。事实上，在密西西比下游河谷中，从河谷一侧到另一侧的距离可以超过 160 千米。

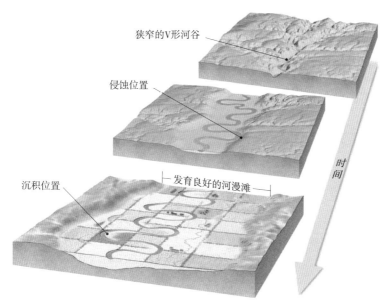

狭窄的V形河谷

侵蚀位置

沉积位置

发育良好的河漫滩

时间

图 1-23　侵蚀河漫滩的发育

通过曲流的迁移，河道两侧被持续侵蚀，逐渐产生一个宽阔平坦的谷底。洪水期间，
冲积物会覆盖谷底。

基准面变化和深切曲流

我们通常认为，曲折蜿蜒的河流只会出现在宽阔河谷的河漫滩上。然而，在陡峭狭窄的山谷中，某些河流也会出现曲流河段。这样的曲流河叫作深切曲流（见图 1-24）。

这种地貌是如何形成的呢？最初，曲流可能发育在一条较接近基准面的河流的河漫滩上。然后，基准面的变化导致河流开始下切。这种变化可能是由下游基准面下降造成的，也

图 1-24　深切曲流

科罗拉多高原上科罗拉多深深切曲流的鸟瞰图。
资料来源：Michael Collier。

可能与河流流经区域地势的抬升有关系。例如美国西南部的科罗拉多高原，陆地的区域性抬升为深切曲流的形成创造了条件。在这里，随着高原的地势逐渐抬升，途经此处的曲流因为被抬升到高于基准面的高度，因此以下切作为响应。

河流阶地是与基准面相对下降密切相关的特征之一。在河流经过河漫滩上时，如果基准面水位发生相对下降，河流会相应地调整其水位，可能会再次形成一个新的、更低的河漫滩。先前河漫滩的残余部分在新形成的河漫滩上方呈现为相对平坦的表面，如图 1-25 所示。

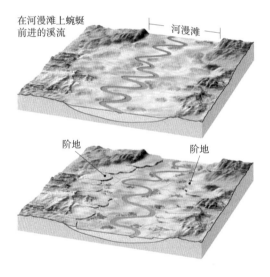

在河漫滩上蜿蜒前进的溪流　河漫滩

阶地　阶地

图 1-25　溪流阶地

由于基准面相对下降，河流通过先前沉积的冲积层向下侵蚀，最终形成了一个新的河漫滩。阶地代表之前相对较高的河漫滩的残余物。

Q8　三角洲是如何形成的？

回想一下，河流不断地搬运河道某一部分的沉积物，然后将其沉积在下游。这些河道沉积物通常由砂和砾石构成，它们沉积的区域通常会形成坝。例如，在图 1-18 中，水流在河流凹岸侵蚀的物质被带到下游并沉积形成点沙坝。然而，这种地貌只是暂时存在的，因为这些物质会再次被携带搬运，最终进入海洋。除了点沙坝和砾石坝，河流还创造了其他存在时间更长的沉积地貌，包括三角洲、天然堤。

三角洲

在世界各大河的入海口，我们经常会看到一个呈三角形的区域，顶端指向上游，底面对着外海，这就是三角洲。如世界第一长河尼罗河的入海处，就有一个巨大的三角洲，面积达 24 000 平方千米；密西西比河入海处的三角洲，则呈鸟足状，面积达 26 000 平方千米；中国的长江、黄河以及珠江入海处，也都有面积很大的三角洲。

当携带沉积物的水流进入相对平静的海洋、湖泊或内海水域时，就形成了三角洲（见图 1-26）。由于水流速度逐渐减慢，携带的沉积物开始沉积下来，使三角洲逐渐扩大、河流的坡度不断减小、流速放缓。水中的沉积物最终会堵塞河道。但河流会寻找一条更短、更陡的新河道流入基准面。如图 1-26 所示，主河道被分成几条较小的分流河道。这些分流的模式与支流相反，不是将水注入主河道，而是将水从主河道带走，从而形成了三角洲特有的不断变化的河道模式。

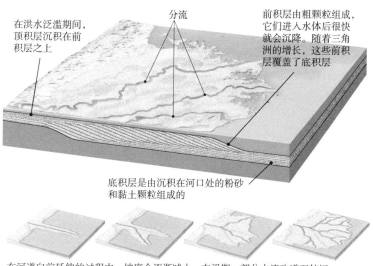

在洪水泛滥期间，顶积层沉积在前积层之上

分流

前积层由粗颗粒组成，它们进入水体后很快就会沉降。随着三角洲的增长，这些前积层覆盖了底积层

底积层是由沉积在河口处的粉砂和黏土颗粒组成的

在河道向前延伸的过程中，坡度会逐渐减小。在汛期，部分水流改道至较短、坡度较大的河道，形成新的分流河道

图 1-26　简单三角洲的形成

在相对平静的水域中形成的简单三角洲的结构和成长过程。

　　经过河流的多次改道，整个地区就会呈现近乎三角形的形状，就像希腊字母 delta（Δ）一样，三角洲也因此而得名。但是请注意，许多三角洲并没有呈现严格的三角形。海岸线形状的差异，以及波浪活动的性质和强度差异，会使得三角洲出现不同的形状。许多大河都有覆盖数千平方千米的三角洲，比如密西西比河三角洲。蜿蜒曲折的密西西比河及其支流提供了大量沉积物，这些沉积物积聚后造就了这个三角洲。如今的新奥尔良所在地，在不到 5 000 年前还是一片汪洋。

　　图 1-27 显示了过去 6 000 年里形成的密西西比河三角洲。如你所见，这个三角洲实际上是由 7 个子三角洲合并而成的。每个子三角洲都是河流偏离现有河道，以一条更短、更直的路径进入墨西哥湾时形成的。各个子三角洲相互连接并部分重叠，形成一个非常复杂的结构。现在的子三角洲由于分流的特征被称为鸟足三角洲，它们是密西西比河在过去 500 年中形成的。

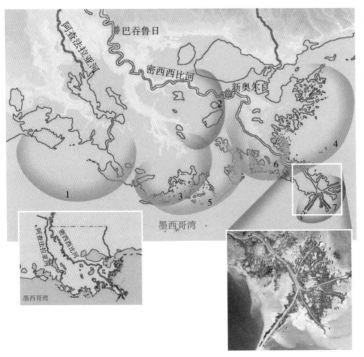

图 1-27　密西西比河三角洲的生长过程

在过去的 6 000 年里，密西西比河已经发育出了 7 个相互连在一起的子三角洲。图中的数字代表子三角洲的形成顺序。现在的鸟足三角洲（7 号）代表了过去 500 年的活动。左侧的局部放大图显示了密西西比河可能改道的地方（箭头），以及它可能流向墨西哥湾的更短路径。

资料来源：NASA/GSFC/METI/ERSDAC/JAROS。

天然堤

蜿蜒的河流占据了具有广阔河漫滩的河谷，并形成了与河道两岸平行的天然堤（见图1-28）。天然堤是由多年连续不断的洪水形成的。当一股水流漫过河漫滩时，变成宽阔的表面流。它的流速骤然降低，在河道边缘留下粗粒的沉积物，形成带状沉积层。当洪水漫过整个河漫滩时，携带的细粒沉积物会沉积在谷底。这种不均匀的沉积物分布，形成了坡度小到难以察觉的天然堤。

⋅你知道吗？⋅

并非所有河流都有三角洲。有些能输送大量沉积物的河流并没有三角洲，因为海浪和强大的洋流会重新分配沉积物，比如太平洋西北部的哥伦比亚河。还有一种情况是，倘若河流携带的沉积物量不足，就不会形成三角洲。例如，圣劳伦斯河在安大略湖和圣劳伦斯湾河口之间留下的沉积物不足以形成三角洲。

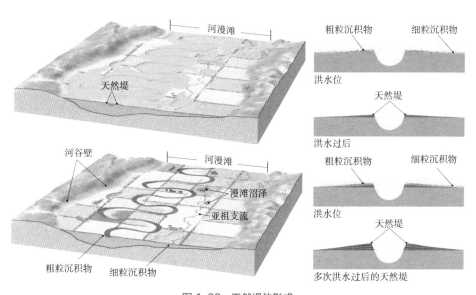

图 1-28　天然堤的形成

这些与河道平行的缓坡构造是由反复的洪水造成的。由于河道旁边的地面比邻近的河漫滩高，可能会形成漫滩沼泽和亚祖支流。

密西西比河下游的天然堤高出河漫滩6米，使得流水不能越过天然堤流入河流，由此形成了漫滩沼泽。由于天然堤使支流不能汇入干流，它们通常只能平行于河流流动，直到它们有能力冲破堤坝。这样的河流被称为亚祖支流，它得名于那条与密西西比河平行，蜿蜒了 300 多千米的亚祖河。

Q9　为什么说洪水不是"天生爱作恶"？

在所有自然灾害中，洪水出现的次数并不少。根据联合国环境规划署此前公开的数据，仅自 2022 年以来，全球已经发生数千次洪水事件，其中一些就是由自然灾害造成的，例如暴雨、飓风、海啸等。尽管洪水是最致命、最具破坏性的地质灾害之一（见图 1–29），但它也是河流自然活动的一部分。当一条河流的流量变得非常大，超过了河道的容量并漫过了河岸时，就会引发洪水。

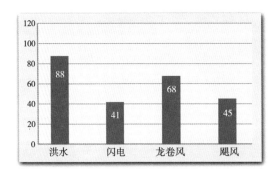

图 1-29　1990—2019 年风暴引发洪水年均致死人数

在大多数年份，风暴引发洪水致死人数最多。其中，卡特里娜飓风造成的影响最为严重（致超过 1 000 人死亡）。

洪水的成因

天气是导致洪水发生的重要因素之一，比如春季时雪的快速融化、夏季发生的大面积暴风雨，常常会导致区域性洪水。2011 年 4 月，持续不断的风暴给密西西比流域带来了创纪录的降水，使得密西西比河盆地东部的俄亥俄河谷的降水量几乎是春季正常降水量的 300%。当那场降水与前一年冬天大量积雪迅速融化形成的水相结合时，密西西比河及其许多支流的水位在 5 月初便打破了历史纪录。由此引发的洪水成为近一个世纪以来规模最大、破坏力最强的洪水之一。由于气象部门对这次洪水作了准确预报，使得人们有足够的时间疏散和转移。因此，虽然此次洪水造成的经济损失接近 40 亿美元，但人员伤亡情况不严重。

你知道吗？

城市发展增加了径流。因此，城市地区的洪峰流量和洪水频率增加。人类四处修建建筑物、停车场，铺设道路。最近的一项研究表明，美国（不包括阿拉斯加州和夏威夷州）此类不透水表面的面积超过 112 600 平方千米，略小于俄亥俄州的面积。

暴洪通常在没有任何预警的情况下暴发，并且水位迅速上升且流速惊人，因此常常会导致人员死亡。降水强度和持续时间、地表条件和地形是影响暴洪的几大因素。城市易受暴洪的影响，因为城市地区地表一般由不透水的屋顶、街道和硬路面组成，在这些地方，水的流速会非常快（见图 1-30a）。山区也很容易受到暴洪的影响，因为陡坡可以迅速将径流汇入狭窄的峡谷（见图 1-30b）。

（a）　　　　　（b）

图 1-30　暴洪

尽管暴洪的时间很短，但其威力很大，而且往往在没有预警的情况下发生。图（a），美国半数以上的暴洪灾害死亡率与汽车有关。图（b），1976 年 7 月 31 日在科罗拉多州发生的汤普森河大洪水说明了暴洪的威力。在 4 小时内，超过 30 厘米的降水落在了这条河流较小的流域上。

资料来源：图（a），Arturo Fernandez/AP Images；图（b），USGS。

　　人为干扰河流系统也会引发洪水。近年来，人类为了建设更适宜居住的环境，开展了设立堤坝、修建水库、跨流域调水、填河改路、围湖造田等一系列活动，改变了地表径流的自然分布状态。一个典型的例子是大坝或旨在遏制中小型洪水泛滥的人工堤岸的倒塌。当发生更大的洪水时，大坝或河堤可能会决堤，导致巨量水倾泻而出。1889 年，小科纳莫河（Little Conemaugh River）的一座大坝决堤，引发了宾夕法尼亚州约翰斯敦市的毁灭性洪水，夺去了 2 200 多人的生命。

防洪

　　洪水灾害是世界上最严重的自然灾害之一，且往往发生在人口稠密、农业垦殖度高、江河湖泊集中、降水充沛的地方，因此常常造成生命和财产的巨大损失。目前，人们已经采取了一些措施来消除或减轻洪水所造成的灾难性影响。工程方面的方法主要包括修建人造堤坝，修建防洪大坝，疏浚河道。从实际效果来看，这些举措虽然能在一定程度上防范洪水，但也对自然生态造成了负面影响。

　　人造堤。人造堤是建在河岸上的土丘，目的是增加河道的容水量。堤坝是自古以来最常用的河流维护手段，并且一直沿用至今。人造堤很容易与天然堤区分开来，因为人造堤的坡度要陡峭得多。当异常的洪水威胁到建在人口稠密地区的堤坝时，人们有时会通过在人造堤上开洞来泄洪，通过让水淹没人口稀少的农村地区以保护脆弱的城市地区。被故意淹没的区域叫作泄洪道。例如，为了防止伊利诺伊州开罗市在 2011 年密西西比河沿岸的洪水中被淹没，人们在堤坝上炸开了一个约 3 千米宽的缺口。这使得水溢出到 526 平方千米的鸟点——新马德里（Birds Point-New Madrid）泄洪道。人们在路易斯安那州下游也采取了类似的措施，以保护巴吞鲁日和新奥尔良的城市。

　　防洪大坝。防洪大坝的作用是拦截洪水，然后慢慢地泄洪，通过控制泄洪的时间与数量，以安全渡过洪峰。自 20 世纪 20 年代以来，美国几乎在每条主要河流上都修建了数千座水坝。当然，其中的一些水坝与防洪无关，但具有一些重要的功能，比如农业灌溉和水力发电。许多水库也成为休闲胜地。

尽管修建大坝可以减少洪水造成的损失并带来其他好处，但也会带来严重的后果。例如，大坝形成的水库可能会淹没肥沃的农田，以及森林、历史遗址和风景优美的山谷。大坝还会截留沉积物，由于无法继续获得洪水期间的沉积物补给，下游的三角洲和冲积平原会遭到侵蚀。大型水坝还会对数千年以来形成的河流生态造成严重的破坏。

修建大坝不仅不是解决洪水问题的长久之计，而且大坝上游的泥沙淤积会导致水库的蓄水量逐渐降低，从而削弱防洪的效果。

河道疏浚。河道疏浚是指改变河道，加快水流速度，防止水流达到发生洪水的高度。一种方法是清除河道内的障碍，疏通河道，使其更宽、更深。另一种方法是通过人工截弯取直来使河道变直。也就是通过缩短河道，使得流速和坡度增加。增加流速，可以更快排走洪水期间的巨大流量。

自 20 世纪 30 年代初以来，美国陆军工程兵团在密西西比河上进行了多次人工截弯取直作业，以提高河道的效率，降低洪水的威胁。这条河总共缩短了超过 240 千米。这些努力在一定程度上有效降低了洪水水位。然而，河道的缩短使河道坡度增加，加速了河岸物质的侵蚀，这都亟须进一步的干预。随着人工截弯的出现，人们在密西西比河下游的几条河段上采取了大量河岸保护措施，以减少侵蚀。

非工事方法。到目前为止所描述的防洪措施都是通过工事方法来控制河流。这些解决方案不仅成本很高，而且通常会给居住在河漫滩平原上的人们一种虚假的安全感。

今天，许多科学家和工程师提倡用非工事方法来控制洪水。他们建议，除

⌐ 你知道吗？ ¬

多年来，人们一直在努力将密西西比河改道至阿查法拉亚河（见图 1-27 中左侧的小图）。如果改道成功，密西西比河将不再流经其下游近 500 千米的河道，转而选择较短的 225 千米通往海湾的河道。目前，一个巨大的坝状人工结构将密西西比河保持在目前的河道上。

了人造堤、水坝和疏浚河道防洪，还可以通过合理规划对河漫滩的管理，达到同样的目的。通过确定高危地区，政府可以实施适当的分区管理措施，尽量减少土地开发率，提高土地的利用率。

Q10　一个人每天会用多少地下水?

美国地质调查局的数据显示，在美国，人们每天使用约 13 亿立方米淡水，其中约 76% 来自地表，剩余的约 24% 是地下水，每天消耗近 3.14 亿立方米地下水。

地下水是最重要和最被广泛利用的资源之一。然而，人们对它所来自的地下环境的认识往往是不清楚和不正确的。其原因是，地下水通常隐藏在人们视线之外，只有少量出现在洞穴和矿井中，而人们从这些地下开口获得的对地下水的印象，往往又具有误导性。陆地表面往往给人一种地球是"固体"的印象。即使我们进入一个洞穴，看到水流侵蚀了坚硬的岩石，下切形成一条水道，这种印象依然难以改变。

根据这些现象，许多人认为地下水只是存在于地下"河流"中。事实上，大部分的地下环境根本就不是"固体"的。更确切地说，它包含无数微小的孔隙空间，这些空间存在于土壤和沉积物颗粒之间，以及基岩的狭小节理、裂缝中。这些空间的总体积巨大。地下水就是在这些空间中汇集并移动的。

地下水的重要性

地球上只有一小部分水存在于地下。然而，这一小部分储存在地表之下岩石和沉积物中的水，其总量依然巨大。如果不考虑海洋，只考虑淡水来源的话，地下水的重要性就更加明显了。

图 1-31 显示了淡水在水圈中的分布估计，占比最大的淡水以冰川冰的形式存在。排名第二的是地下水，约占总量的 30%。如果不考虑冰，只考虑液态水，那么地下水约占 96%。毫无疑问，地下水是人类可获得的最大淡水库。它在改善人类的经济活动和福祉方面的贡献是不可估量的。

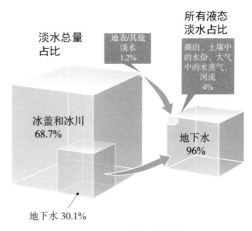

图 1-31 地球上的淡水

地下水是液态淡水的主要水库。

在世界范围内，井水和泉水为城市居民、农业和工业供水。在美国，除了水力发电和发电厂冷却外的所有用水中，约 40% 来自地下水。地下水为 44% 以上的人口提供饮用水，占灌溉用水的 40%。然而，在一些地区，这种基本资源的过度使用引发了严重的问题，包括径流枯竭、地面沉降，以及抽水成本的增加。此外，在许多地方，人类活动造成的地下水污染是一种真实存在且日益严重的威胁。

地下水的地质作用

在地质学上，地下水是重要的侵蚀介质。地下水的溶解作用能够缓慢地侵蚀灰岩等可溶性岩石，可以形成被称为落水洞的地表洼地，还塑造了地下洞穴。地下水也对水流有平衡作用。河流中的大部分水，并不是直接来自雨水和融雪的地表径流汇入。

相反，大量的降水会渗入地下，然后在地下缓慢地流向河道，为河流提供补给。因此，地下水是水的一种储存形式，在不下雨的时期维持河流的流量。也就是说，我们在干旱时期看到的河道中的水，其实是早些时候降下并储存在地下的雨水。

地下水的分布

当雨水落到地球的陆地表面时，一些水成为地表径流，另一些水则通过蒸散返回大气，其余的渗入地下。渗入地下的雨水几乎是所有地下水的主要来源，但来自每条路径的水量，在不同的时间和地点会有很大的差异。影响因素主要包括：斜坡的坡度、地表物质的性质、降水的强度、植被的类型和数量。如果大雨落在由不透水物质组成的陡峭斜坡上，显然会有更多的水汇入径流；相反，如果雨水不断轻轻地落在渗水性更好的平缓斜坡上，就会有更大比例的水渗入地面。

地下区域。有些水由于受到分子引力的作用，在土壤颗粒表面会形成一层薄膜，所以不会下渗很深。这种近地表区域被称为土壤水分带，包括纵横交错的树根、树根腐烂后留下的空隙，以及动物和蠕虫的洞穴，这些都增强了雨水渗入土壤的能力。土壤中的水被植物利用，以维持生命的基本活动和蒸腾作用，也有一部分会直接蒸发到大气中。

没有留在土壤中的水继续向下运动，当水覆盖了所有沉积物和岩石孔隙中都充满水的饱水带后，雨水便不再向下渗透。这个区域里面的水叫作地下水。这个区域的上限被称为潜水面。潜水面以上的土壤、沉积物和岩石都未达到水饱和，因此被称为非饱水带。虽然非饱水带可以储存非常可观的水量，但由于它们与岩石和土壤颗粒贴合得太过紧密，所以不能通过水井将水抽取出来。相比之下，在潜水面以下，水压大到可以将水压入井中，因此这部分地下水可以被抽出来使用。我们将在后面对水井进行更详细的讨论。

潜水面。与我们所设想的平面不同，潜水面很少是平的，相反，它通常随着地表的起伏而缓慢变化：在山峰下方达到最高，然后朝着山谷的方向，高度不断下降（见图 1-32）。湿地（沼泽）的潜水面正好位于地表。湖泊和河流所在的地方由于是凹陷的低地，因此潜水面高于地表。

有几个因素造就了不规则的潜水面。一个重要的因素是地下水流动非常缓慢，因此，水往往会在河谷之间的高处"堆积"起来。如果降水完全停止，这些水构成的"山丘"将慢慢地下降，并逐渐接近邻近河谷的高度。然而，新的雨水补给非常频繁，往往会阻止上述情况发生。不过，在长期干旱时期，潜水面可能大幅下降，以致浅井干涸。导致潜水面不均匀的其他原因还有降水的变化和各地土质的渗透性不同。

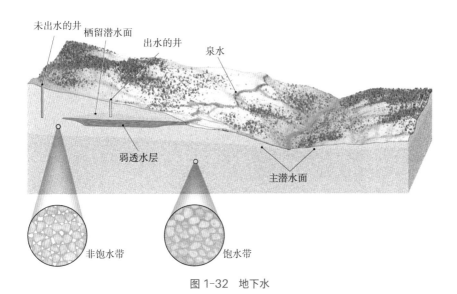

图 1-32　地下水

与地下水有关的许多地貌的相对位置。

影响地下水储存和移动的因素

地下水是地球上重要的水资源之一，对于人类的生存和发展具有重要意义。然而，地下水的储存和移动受到许多因素的影响，这些因素之间相互作用，共同决定了地下水的分布、数量和质量。其中，地下物质的性质强烈影响着地下水的移动速度和可储存的地下水量。孔隙度和渗透率是两个特别重要的因素。

孔隙度。水渗入地下是因为基岩、沉积物和土壤含有无数孔隙或开放空间。

这些空间与海绵中的孔洞类似，被称为孔隙空间。储存的地下水总量取决于物质的孔隙度，即岩石或沉积物的孔隙空间占总体积的百分比（见图 1-33）。孔隙度越大，说明岩石中的孔隙空间越大，能容纳的水就越多。

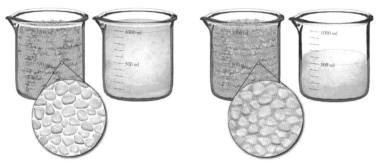

图 1-33　孔隙度

孔隙度是岩石或沉积物的孔隙空间占总体积的百分比。左侧图，左边的烧杯里装满了 1 000 毫升的沉积物。右边的烧杯里装了 1 000 毫升水。右侧图，装满沉积物的烧杯中现在含 500 毫升水，这时孔隙空间占沉积物体积的 50%。

孔隙度的变化可能很大。沉积物通常多孔，孔隙空间可能占沉积物总体积的 10% ～ 50%。孔隙空间取决于颗粒的大小和形状、压缩在一起的方式、分选的程度，以及沉积岩中胶结物的量。大多数火成岩和变质岩，以及一些沉积岩，通常是由紧密交织的晶体构成的，所以颗粒间的孔隙可以忽略不计。在这些岩石中，有裂缝才能产生孔隙。

渗透率。单靠孔隙度不能衡量一种物质储存地下水的能力，因为也存在一些孔隙无法互相连通，导致地下水无法流动、存储，像某些岩石或沉积物可能非常多孔，但仍然会阻止水通过。物质的渗透率表明它传输流体的能力。地下水在相互连接的小孔中流动。孔隙空间

你知道吗？

高地平原含水层是美国最大的含水层，由于其高孔隙度、良好的渗透率和巨大的面积，它积累了大量的地下水——足以填满休伦湖的淡水。

越小，地下水流动越慢。如果颗粒之间的空间太小，水几乎无法移动。例如，由于黏土的高孔隙度，它的储水能力很强，但它的孔隙空间太小，水无法通过，因此我们说黏土不透水。此时，我们就需要依靠渗透率这一衡量标准。

弱透水层和含水层。阻碍或阻止水运动的不透水层，如黏土，被称为弱透水层。相反，较大的颗粒，如砂或砾石，其孔隙空间较大，因此水流动相对容易。可以自由输送地下水的透水岩层或沉积物被称为含水层。含水层很重要，因为它是钻井人员所要寻找的含有大量水分的地层。

地下水的运动

我们平日可以观察到的地表流水，如溪流、河水，往往能以较快的速度，甚至以比人步行还要快的速度流动。与之相反，大多数地下水从一个孔隙到另一个孔隙的运动非常缓慢，通常的速度是每天几厘米。

众所周知，"水往低处流"，水流动的能量由重力提供。在重力的作用下，水从潜水面高的地方流向潜水面低的地方。这意味着水通常被重力拖向河道、湖泊或泉水。虽然一些地下水会采取最短的路径，直接沿潜水面的斜坡向下流，但大部分水都沿着又长又弯的路径流向排水区域。

图 1-34 显示了水是如何从所有可能的方向渗入河流的。有些路径明显是向上的，流水似乎违背了重力的作用原理，从河道底部汇入河流。其实这很容易解释：越靠近饱水层深部的位置，水的压力就越大。因此，饱水层的水所走的环形曲线可以认为是重力向下的拉力和水向低压区移动的趋势共同作用的结果。

> 你知道吗？
>
> 地下水运动的速度变化很大。测量这种运动的一种方法是将着色剂投入井中。测量从投入到着色剂出现在另一口井内的时间，然后根据两井的距离计算速度。许多含水层的典型流速约为每年 15 米。

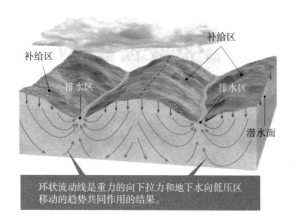

补给区

补给区

排水区

排水区

潜水面

环状流动线是重力的向下拉力和地下水向低压区
移动的趋势共同作用的结果。

图 1-34　地下水运动

箭头表示地下水通过均匀
的透水物质的运动路径。

Q11　井究竟需要打多深？

　　地下水的来源主要是降水，雨雪降落到地面上，一部分形成地表径流，一部分蒸发重新回到大气圈，还有一部分入渗到土壤、岩石当中形成地下水。地下水最终会流向地表，泉水就是地下水回到地表的一种方式。人们使用的大部分地下水是从井中抽取到地表的。要了解这些现象，我们就必须了解有时复杂的地下"管道系统"。

井

　　开采地下水最常用的方法是打井，即在地面向饱水层打一个洞。井是小型蓄水池，地下水流入井中，并从这里被泵到地表。水井的使用可以追溯到许多世纪以前，并且目前在很多地方仍然是一种重要的取水方法。根据美国地下水协会的数据，美国大约有 1 600 万口用途各异的水井，其中私人水井占比最大——超过 1 300 万口，同时美国每年大约新添 50 万口住宅水井。在世界范围内，水井的数量更是庞大，如位于墨西哥的科伊瓦水井，其深度达到了 145 米，直径为 106 米，是世界上最大的井。人类打井是出于生活与生产的需要，农业用水则是其中重要的一部分。以美国为例，到目前为止，美国的井水用量中农业灌溉占比最大。每年超过

65%的地下水被用于农业灌溉。工业用水排在第二位，远远低于农业用水，其次是城市和农村地区家庭用水。井究竟要打多深才能满足人们持续使用呢？要回答这个问题，需要借助一个我们在前文已经了解到的名词"潜水面"。

潜水面在一年中的波动可能很大，在旱季下降，在雨季上升。因此，为了保证水的持续供应，钻井必须深入潜水面以下。每当从井中抽取大量的水时，井附近的潜水面就会下降。这种效应被称为水位降深，它造成的影响随着离井距离的增加而减小。其结果是潜水面下降，下降区域近似圆锥形，被称为沉陷锥（见图 1-35）。对于美国大多数小型井而言，沉陷锥的影响可以忽略不计。然而，当井水被用于农业灌溉或工业生产时，需要抽取的水量可能非常大，这就会形成一个非常宽而陡的沉陷锥，使得该地区的潜水面大幅降低，进而导致附近的浅井干涸。图 1-35 说明了这种情况。

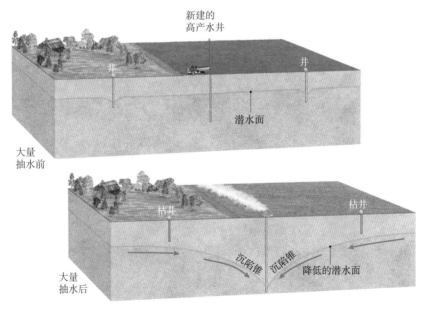

图 1-35 沉陷锥

美国大多数小型井造成的沉陷锥的影响可以忽略不计。但当从水井中大量泵水时，形成的沉陷锥可能很大，使得潜水面降低，导致近较浅的井变得干涸。

自流系统

在大多数井里，水不能自己回升。如果水最初出现在 30 米深的地方，那它会一直处于那个深度，随着干湿季的不同发生 1 ～ 2 米的波动。然而，在一些井里，水会上升，有时会溢出地面。这种井在法国北部的阿图瓦地区很多见，我们称这些自升井为自流井。

自流是指地下水在压力下上升到含水层水位以上的任何情况。要发生这种情况，必须满足两个条件（见图 1-36）：水必须被封闭在一个倾斜的含水层中，且一端接收水分补给；含水层上下都必须有弱透水层，防止水分流失。这样的含水层被称为承压含水层。当钻进这种层时，上方的水的重量产生的压力将迫使下面的水上升。如果没有摩擦阻碍，井里的水就会上升到含水层顶部的水位。然而，总是存在的摩擦降低了这个承压面的高度。距离补给区（水进入倾斜含水层的区域）越远，摩擦作用效果越明显，水位上升越小。

在图 1-36 中，井 1 是不流动的自流井，因为在这个位置，承压面低于地面。当承压面高于地面且钻进了含水层时，就形成了流动的自流井（见图 1-36 中的井 2）。并不是所有自流系统都是水井，也有自流泉。在出现自流泉的地方，地下水可能沿着天然裂缝（如断层）而不是沿着人工挖出的洞上升到达地表。在沙漠中，自流泉周围有时会形成绿洲。

自流系统扮演着"天然管道"的角色，将水从偏远的补给区域传输到很远的排水点。比如，多年前发生在威斯康星州中部的降水成为地下水，通过"天然管道"的传输，供南边数千米远的伊利诺伊州的社区使用。这种系统还将西部布莱克山的水向东输送到南达科他州各地。

换一个角度看，城市供水系统可以被视作人造自流系统（见图 1-37）。抽水的水塔可以被视作补给区，管道可以被视作承压含水层，家里的水龙头可以被视作流动的自流井。

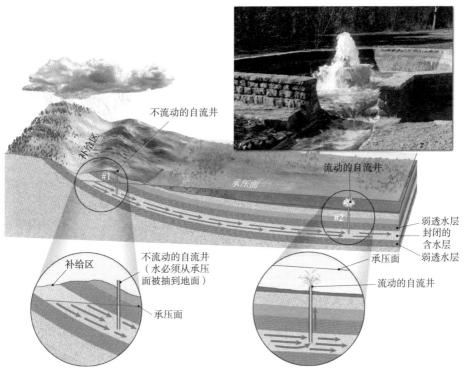

图 1-36　自流系统

一个倾斜的含水层被不透水的地层（弱透水层）包围时，就会出现这种地下水系统。这样的含水层叫作承压含水层。上图所示为一口流动的自流井。

资料来源：the James E. Patterson Collection, Courtesy of F. K. Lutgens。

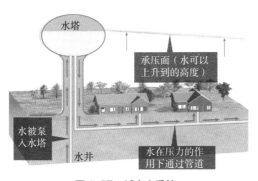

图 1-37　城市水系统

城市水系统可以被视作人造自流系统。

—·你知道吗？·—

　　根据美国国家地下水协会的数据，美国有大约 1 600 万口用途各异的水井。私人家用水井所占份额最大，超过 1 300 万口。人们每年约钻 50 万口新的家用水井。

泉水

千百年来，泉水一直激发着人们的好奇心和探索欲。流出的泉水曾经是相当神秘的现象，对某些人来说现在仍然是。这一点并不奇怪，因为泉水在各种天气下都能从地下自由地流出，似乎取之不尽、用之不竭，却没有明显的来源，这就很令人惊叹。今天，我们知道泉水来自饱水层，而它的最终来源是降水。

每当潜水面与地面相交时，就会造成地下水的自然流出，我们称之为泉水（见图 1-38）。许多泉水的形成是由于弱透水层阻挡了地下水的向下运动，迫使它向侧面运动。当透水层（含水层）在地表中出露时，就会产生一个或多个泉眼。

图 1-38　雷电泉

水从大峡谷的基岩壁中喷涌而出。

资料来源：Michael Collier。

产生泉水的另一种情况如图 1-32 所示。这里的弱透水层位于主潜水面上方。当水向下渗透时，一部分水积聚在弱透水层上方，形成了局部饱水层和栖留潜水面。然而，泉水的涌现并非不仅限于栖留潜水面在地表形成水流的地方。许多地质活动也会导致泉水的形成，因为不同地点的地下情况差异很大。在不透水的结晶岩石下面，可能存在可透水的区域，比如裂缝或溶蚀通道。如果这些孔隙充满水并沿斜坡与地面相交，就会产生泉水。

Q12　地下水被污染的后果是什么？

作为水资源的重要组成部分，地下水是关乎生态安全的"地下命脉"，也是我们以及地球能否持续生存的"生命动脉"。然而，我们赖以生存的地下水目前也面临着环境问题。和许多其他珍贵的自然资源一样，地下水的开采速度越来越快。在一些地区，过度开采威胁着地下水的供应。在另一些地方，地下水的抽取导致了地面沉降。还有一些地方正面临着地下水供应可能受到污染的风险。

根据《2023 年联合国世界水发展报告》（*The United Nations Water Development Report 2023*）显示，在过去的 40 年中，全球用水量以每年约 1% 的速度增长，在人口增长、社会经济发展和消费模式变化的共同推动下，预计到 2050 年，全球用水量仍将以类似的速度继续增长。但今天，全球有 20 亿人（约占世界人口的 26%）没有安全饮用水，有 20 亿～ 30 亿人每年至少有一个月会遇到缺水问题，这给他们的生计造成严重风险，尤其是粮食安全和电力供应。该报告预计，全球面临缺水问题的城市人口数量将从 2016 年的 9.3 亿增长到 2050 年的 17 亿～ 24 亿。

保护地下水资源，已经成为人类在环境保护领域不可忽视的重要问题之一。

地下水，一种不可再生的资源

许多自然系统倾向于建立平衡，地下水系统就是其中之一。潜水面的高度反映了补给率与排放率和取水率之间的平衡。任何不平衡都会提高或降低潜水面。如果地下水的抽取量增加或长期干旱导致补给量减少，这种长期失衡会导致大幅下降。

在一些地区，地下水一直并继续被视为不可再生资源，因为可用于补充含水层的水量远远少于正在抽取的水量。在这种情况下，人们基本上是在"开采"地下水。高地平原含水层就是一个例子（见图 1-39）。高地平原的含水层位于美国 8 个州部分地区的地下，面积约为 45 万平方千米，是美国最大、在农业上最重要的含水层之一，占全国农业灌溉的地下水总量的 30%。由于该地区蒸发率高而降水量少，因此几乎没有雨水可以为含水层提供补给。同时，其中的一些地区长期进行密集灌溉，导致地下水枯竭非常严重。图 1-39 证实了这一点。

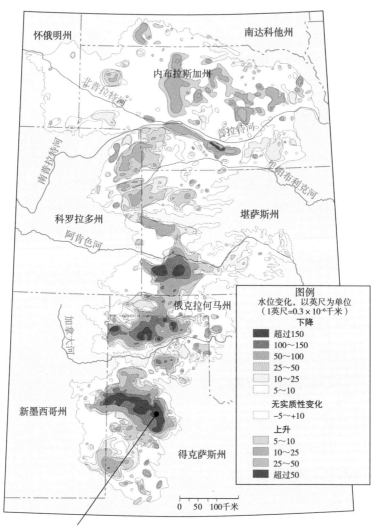

美国地质调查局估计，自1950年以来，高地
平原含水层的蓄水量减少了约330万立方千
米，其中60%的水量减少发生在得克萨斯州

图 1-39　开采地下水造成的影响

该图显示了从开采地下水前（约1950年）到2013年，高地平原含水层中的潜水
面变化。大量抽水灌溉导致 4 个州的部分地区水位下降超过 30 米。在用地表水
灌溉的地区，比如内布拉斯加州的普拉特河，水位已经上升。

资料来源：U.S. Geological Survey。

抽取地下水引起的地面沉降

我们有时能从新闻中看到这样的报道，某个地方突然发生地陷，比如出现一个大坑，或地面出现裂纹、塌陷等，导致路过的行人受伤或相关财产遭受损失，这些事件不少都与地面沉降有关。

地面沉降可能与地下水相关的自然过程有关。然而，当从井中抽水的速度大于自然补给过程的填充速度时，也可能发生地面沉降。这种效应在厚厚的松散沉积物覆盖的地区尤为明显。当水被抽离时，水压下降，覆盖层的重量就转移到了沉积物上。增大的压力将沉积物颗粒压缩得更加紧密，地面因此发生沉降。

许多地区的情况都可以用来说明这种地面沉降。美国的一个典型例子出现在加利福尼亚州圣华金河谷（见图1-40）。其他因地下水开采引发地面沉降的著名案例包括内华达州的拉斯维加斯、路易斯安那州的新奥尔良和巴吞鲁日，以及得克萨斯州的休斯敦至加尔维斯顿地区。在休斯敦和加尔维斯顿之间的低洼沿海地区，地面沉降了1.5～3米。其结果是造成约78平方千米的土地被永久淹没。

地下水污染

前面我们所说的地下水环境问题，导致的结果是地下水资源越发匮乏。有

图1-40 地面沉降

圣华金河谷是重要的农业区，其生产严重依赖于灌溉。1925年至1975年，由于地下水的抽取和此过程引发的沉积物压实，这部分山谷沉降了近9米。

资料来源：USGS。

的地方明明有地下水，水资源却依然匮乏，这往往与污染有关。这就类似《水俣病》(Minamata)、《黑水》(Black Water)等记录或由真实故事改编的影片所描述的景象。

地下水污染是一个严重的问题，尤其是在那些由含水层提供大部分居民用水的地区。地下水污染的一个常见来源是污水，比如日益增多的化粪池、农场废水，以及不完善或破损的下水道系统。

被细菌污染的污水如果进入地下水系统，它可以通过自然过程得到净化。有害的细菌可以被水流经的沉积物机械过滤，被化学氧化作用杀死，或被其他有机体吸收。然而，要达到这种净化目的，含水层必须含有净化所需的成分。例如，极透水的含水层（比如高度破碎的结晶岩、粗砾石，或多孔洞的灰岩）孔隙太大，以致受污染的地下水可能在未净化的情况下传播很长距离。在这种情况下，水流动得太快，与周围物质的接触时间不够长，从而无法被净化。这就是图 1-41a 中井 1 的问题。

相反，当含水层是由砂或透水的砂岩组成时，水有时只经过几十米就能得到净化。砂粒之间的孔隙足够大，可以让水流动，但是水的流动又足够慢，因此有充分的时间进行净化（井 2），图 1-41b 所示。

其他来源和类型的污染也威胁着地下水供应。其中就包括人们广泛使用的物质，如散布在高速公路上的融雪盐、土地表面的杀虫剂，以及化肥等。此外，管道、储罐、垃圾填埋场和蓄水池中也可能泄漏出大量有害物质。其中一些污染物被归类为危险物质，它们可能易燃、具有腐蚀性，甚至有毒。当雨水渗过这些废弃物时，可能会溶解各种污染物。如果浸出的物质到达潜水面，它将

你知道吗？

加利福尼亚州水资源部称，加利福尼亚州现在正在抽取有两万年历史的地下水。这意味着现在很多社区的水龙头流出的水最早渗入地下的时候，该州还是乳齿象的家园。

与地下水混合并污染水源。

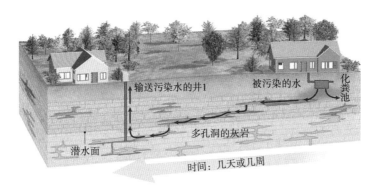

（a）

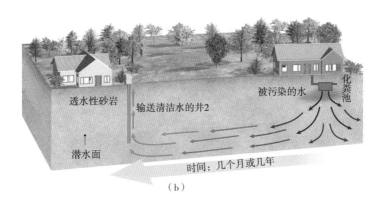

（b）

图 1-41 两个含水层的对比

图（a），虽然被污染的水在到达井 1 之前已经移动了 100 多米，但水在洞穴状灰岩
中移速太快，无法被净化。图（b），当化粪池的排放物通过透水的砂岩时，它的
移动速度较慢，可以在较短的距离内被净化。在这个例子中，灰岩含水层无法阻止
污染物进入井中，而砂岩含水层可以阻止。

由于地下水的运动通常很缓慢，人们可能在很长时间内都不会探测到受污染
的水。事实上，只有在饮用水受到影响并且人们生病之后才会发现水被污染了。
到这个时候，受污染的水量可能会非常大，即使污染源立即被清除，问题也没法
加以解决。总之，地下水污染的来源很多，而解决办法相对较少。

　　一旦确定了水污染问题的根源，最常见的做法就是停止供水，让污染物被逐渐冲走。这是成本最低、最简单的解决方案，但必须保证含水层多年闲置。为了尽快解决水污染问题，有时会抽出被污染的水并进行处理。在污染水被抽走后，含水层可以进行自然补给，在某些情况下，可以将处理过的水或其他淡水泵回含水层。这个过程昂贵且耗时，还可能有风险，因为人们无法确定是否所有污染都已经被清除。显然，解决地下水污染最有效的办法就是预防。

Q13　滴水穿石到底是什么原理？

　　地下水除了能源源不断地为生命供给水源外，还能够溶解岩石，这是理解溶洞和落水洞形成的关键。在数百万平方千米的地表下有大量可溶性岩石，尤其是灰岩，在具有这类岩石的地区，地下水发挥着着重要的侵蚀作用（见图 1-42）。灰岩几乎不溶于纯水，但很容易被含有少量碳酸的水溶解。大多数天然水都含有这种弱酸，因为雨水容易溶解空气中和植物腐烂产生的二氧化碳。因此，当地下水与灰岩接触时，碳酸与岩石中的方解石发生反应，形成碳酸氢钙，这是一种可溶性物质，会随溶液一起被带走。

图 1-42　肯塔基州马默斯洞穴

肯塔基州地下是灰岩。地下水的溶解形成了以洞穴和落水洞为特征的地貌。

资料来源：Michael Collier。

好

溶洞

地下水侵蚀作用最壮观的杰作莫过于灰岩溶洞。仅在美国，人们就发现了约 17 000 个溶洞。虽然大多数都相对较小，但也有一些规模惊人。新墨西哥州东南部的卡尔斯巴德溶洞和肯塔基州的马默斯洞穴就是著名的例子。在卡尔斯巴德溶洞中，有一个洞的面积竟然有 14 个足球场那么大，其高度足以容纳美国国会大厦。马默斯洞穴中相互连通的溶洞总长超过 540 千米。

溶洞的形成。大多数溶洞形成于潜水面以下，处于饱水带。在这里，酸性地下水沿着岩石的薄弱层流动，如节理和层面。随着时间的推移，溶解作用慢慢产生空洞，并逐渐将其扩大成溶洞。被地下水溶解的物质最终会被排入河流，汇入海洋。

滴水石如何形成。当然，对大多数观赏溶洞的游客来说，最能引起他们好奇的是一些使溶洞看起来像仙境一样的石头。但这些石头并不是侵蚀地貌，而是沉积地貌。它们是在漫长的时间长河中，由似乎无穷无尽的水滴创造出来的。水滴留下的碳酸钙形成灰岩，我们称之为石灰华。然而，依据起源方式，我们通常称这些溶洞沉积物为滴水石。

虽然溶洞在饱水带形成，但只有当溶洞位于潜水面以上的非饱水带时才能沉积滴水石。当附近的河流将山谷下切侵蚀得更深，潜水面也会随着河流水位的下降而下降，这时溶洞就会位于潜水面以上了。一旦溶洞内充满空气，就具备了溶洞沉积开始的条件。

滴水石地貌——洞穴堆积物。在溶洞中发现的各种滴水石地貌中，最常见的可能是钟乳石。这些冰柱状的下垂体悬挂在溶洞顶部，随着水从上面的裂缝中不断渗出而逐渐生长。当水接触到溶洞中的空气时，一些溶解的二氧化碳从水滴中逸出，方解石就开始沉淀。这一过程在水滴边缘形成环状的沉积。一滴接着一滴，每一滴都留下了极其微小的方解石沉淀，于是形成了一根空心的灰岩管。

然后，水顺着这根空心的灰岩管缓缓下落，在管的末端暂时保持悬浮状态，形成一个小的方解石环，然后落到洞底。这样形成的钟乳石被形象地称为石吸管（见图1-43a）。石吸管通常会发生堵塞，或中心的水量增加。无论是哪种情况，水都会被迫沿管道外部流动并沉积。随着沉积的继续进行，钟乳石呈现出更常见的圆锥形。

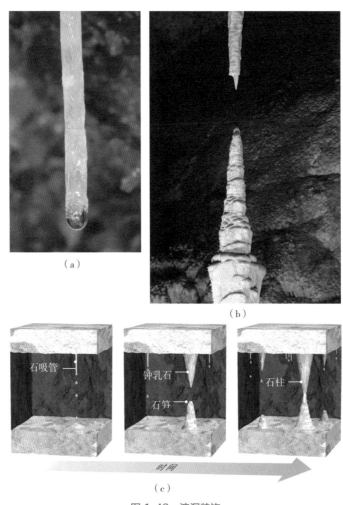

（a）

（b）

石吸管

钟乳石

石笋

石柱

时间

（c）

图 1-43　溶洞装饰

图（a），阿肯色州独立县钦斯普林斯溶洞中，一根精美的石吸管钟乳石特写。

图（b），新墨西哥州卡尔斯巴德洞穴国家公园的石笋和钟乳石。

资料来源：Dante Fenolio/Science Source；图（b），imageBROKER/Alamy Stock Photo。

在溶洞底部发育并向上延伸至顶的岩石被称为石笋（见图 1-43b）。为石笋生长提供方解石的水从顶部掉下来，滴落在其表面上。因此，石笋没有中心管，体积通常比钟乳石更大，顶部也比钟乳石更圆。如果有足够的时间，向下生长的钟乳石和向上生长的石笋可能会聚在一起，形成石柱。

在溶洞的墙壁或地面上，地下水的薄薄水膜缓缓滑落，其中携带的方解石颗粒会一层层地沉积，形成被称为流石的石灰华层（见图 1-44）。流石最初遵循下方墙壁或地面的形状。随着各层相互叠加，沉积物逐渐变得更厚、更圆润。有时沉积物呈薄片状，像帷幕或窗帘，它们似乎是从洞穴壁的悬垂部分延伸出来的。

图 1-44　流石

这些装饰物在塞尔维亚的 Ziot 洞穴。

资料来源：Tiffany Nardico Photography/Alamy Stock Photo。

喀斯特地貌

世界上许多地区的地貌，很大程度上是在地下水的溶解作用下形成的，这些地区的地貌被命名为喀斯特地貌，这是以斯洛文尼亚和意大利边境地区的喀斯特

（Krs）地区命名的，那里的喀斯特地貌非常典型。在美国，喀斯特地貌出现在许多被灰岩覆盖的地区，包括肯塔基州、田纳西州、亚拉巴马州、印第安纳州南部、佛罗里达州中部和北部（见图1-45）。一般来说，干旱和半干旱地区，由于地下水不足，喀斯特地貌不常见。如果这些地区也存在喀斯特地貌，那它们很可能是多雨气候盛行时期的遗迹。

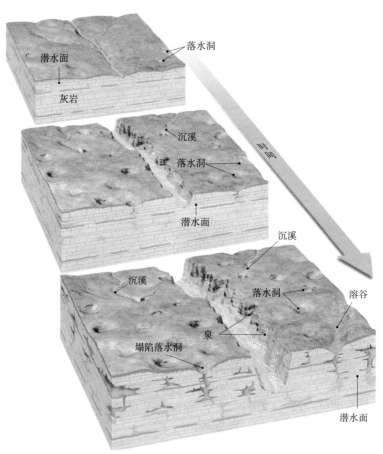

在早期阶段，地下水沿节理和层理平面渗透通过灰岩。溶液活动创造并扩大了潜水面处和以下的洞穴

随着时间推移，溶洞会越来越大，落水洞的数量和大小也会增加，地表排水系统通常呈漏斗状汇入地下

溶洞的坍塌和落水洞的合并形成了更大的平底洼地。最终，溶解作用可能会将该地区的大部分灰岩溶解，留下孤立的残余部分

图 1-45　喀斯特地貌的发育

落水洞。 喀斯特地区的地形通常不规则，其间散布着许多洼地，这些洼地被称为落水洞，或简称洼洞。在佛罗里达州、肯塔基州和印第安纳州南部的灰岩地

区，有成千上万个这样的落水洞，深度从一两米到 50 多米不等。

落水洞通常有两种形成方式。一种是长年累月逐渐形成的，岩石没有受到任何物理干扰。在这种情况下，土壤下方的灰岩会被向下渗透且含有二氧化碳的雨水所溶解。这些洼地通常不深，以相对平缓的斜坡为特征。相比之下，当溶洞的顶部在自身重力的作用下坍塌时，便会在毫无预兆的情况下突然形成落水洞。通常，以这种方式形成的洼地是陡而深的。如果形成于人口密集地区，可能是一场严重的地质灾害。在图 1-46b 中，你能很明显地看到这种情况。

（a）

（b）

图 1-46 落水洞

喀斯特地貌经常被这些洼地断开。图（a），这张鸟瞰图显示了新西兰蒂马鲁附近的落水洞。图（b），2017 年 7 月 14 日，佛罗里达州奥莱克斯岛突然形成了这个巨大的落水洞。当溶洞的顶部坍塌时，就会形成这样的落水洞。

资料来源：图（a），David Wall Photo/Getty Images；图（b），Luis Santana Tampa Bay Times/AP Photo。

除了地表坑坑洼洼之外，喀斯特地区还特别缺乏地表排水系统（河流）。降水后，径流通过落水洞迅速汇集到地下。然后水流穿过溶洞，最后到达潜水位。如果地表确实存在河流，它们的路径通常也很短。这些溪流的名字往往能

你知道吗？

尽管大多数洞穴和落水洞都与灰岩下的区域有关，但这些特征也可以在可溶性岩石中形成，如石膏和岩盐（石盐）等。

揭示它们的命运。例如，肯塔基州的马默斯洞穴就是沉溪（Sinking Creek），小沉溪（Little Sinking Creek）和下沉支流（Sinking Branch）的发源地。一些落水洞被黏土和碎屑堵塞，形成了小型湖泊或池塘。

塔状喀斯特地貌。某些喀斯特地区的地貌与图 1-45 中所示的落水洞地貌有很大不同。典型的例子就是中国南方，其大面积区域发育出特殊的塔状喀斯特地貌。如图 1-47 所示，"塔"这个术语很形象，因为这种地貌是由一个个仿佛突然从地下升起的孤立且陡峭的山丘组成的迷宫。每一处都布满了互相连通的溶洞和通道。这种类型的喀斯特地貌多形成于湿润的热带和亚热带地区，并且这些地区发育有厚层、高度节理化的灰岩。在这样的环境中，地下水溶解了大量灰岩，只留下这些残余的塔状结构。丰富的降水，以及茂盛的热带植被腐烂时产生大量二氧化碳，使得热带气候的喀斯特地貌发展更为迅速。土壤中多余的二氧化碳意味着有更多的碳酸来溶解灰岩。其他发育为塔状喀斯特地貌的热带地区包括波多黎各的部分地区、古巴西部和越南北部。

图 1-47　中国的塔状喀斯特地貌

中国桂林市漓江沿岸是最著名、最具特色的塔式喀斯特地貌发育地区之一。

资料来源：Philippe Michel /AGE Fotostock。

要点回顾
Foundations of Earth Science >>>

- 风化作用使岩石破碎后，重力使岩屑向下坡移动，这一过程被称为物质坡移。有时这种情况会以滑坡的形式迅速发生，而有时运动则比较缓慢。滑坡是一种重大的地质灾害，每年会夺去许多人的生命并造成财产损失。物质坡移在地貌形成过程中起着重要作用，它使河流切割的山谷变宽，并有助于夷平在内部过程作用下隆起的山脉。引发物质坡移过程的事件被称为触发事件，水的侵蚀、斜坡的过度倾斜、植被的移除，地震引起的震动是 4 个重要的触发事件。大部分滑坡都是由这 4 个过程中的一个引发的。

- 水通过蒸发、凝结成云并以降水的形式下落，流经水圈的各个水储库。一旦雨水到达地面，它可能被吸收、蒸发，通过植物蒸腾作用返回到大气中，或形成径流。流水是塑造地球多样地貌的最重要的因素。

- 向河流供水的陆地区域是它的流域。流域被一条假想的界线隔开，这条界线叫作分水岭。人们通常认为，河流系统倾向于在上游侵蚀，在中部搬运沉积物，在下游沉积。

- 河流可以是层流，也可以是湍流。河流速度受河道的坡度、大小、形状和糙度，以及流量的影响。从河源到河口的河流的横截面图就是河流的纵剖面。通常情况下，河道的坡度和糙度会沿河向下游逐渐减小，而河道宽度、流量和流速却逐渐增大。

- 当湍急的水流把松散的颗粒从河床上冲走时，河床和基岩河道就会受到侵蚀。带有旋转颗粒的水流就像"钻孔"一样，会在坚硬的岩石上凿出壶穴。河流中的沉积物以溶解质、悬移质、推移质的形式沿河底发生迁移。河流输送固体颗粒的能力可以用两个术语来描述：载荷量和载荷力。载荷量指的是河流最多能输送多少泥沙，载荷力指的是河流能够移动多大的颗粒。

- 当流速减慢，载荷力下降时，河流会沉积沉积物。这一过程导致了分选，也就是相似大小的颗粒沉淀在一起的过程。

- 基岩河道是由河流下切坚硬的岩石所形成的，这种现象在坡度陡峭的水源地最常见。形成的常见特征有急流和瀑布。

- 冲积河道中河流下方的物质以冲积层为主，这些冲积层是由先前的河流沉积的。河漫滩通常覆盖着谷底，河流蜿蜒流过或以辫状河道流动。

- 曲流会通过侵蚀凹岸（曲流的外沿）、沉积出点沙坝（曲流的内沿）的方式改变形状。曲流可能被截弯，形成牛轭湖。

- 河谷包括河道、邻近的河漫滩和相对陡峭的河谷壁。河流向下侵蚀，直到接近基准面，也就是河流侵蚀河道的最低点。一条流向海洋（终极基准面）的河流可能会在流经之路上遇到几个局部基准面，比如湖泊或耐风化的岩石层，它们都会阻碍河流向下切割。河流的弯曲流动侵蚀了河谷壁，拓宽了河漫滩，从而使河谷变宽。如果基准面下降或地面抬升，曲流可能会开始向下切割并形成深切曲流。河流流过厚重的冲积层，很可能形成阶地地貌。

- 当一条河流在河口将沉积物沉积到另一个水体中时，就会形成三角洲。河流分成多个分流，使沉积物向不同方向扩散。

- 天然堤是在经历多次连续洪水事件后由沿河道边缘沉淀的沉积物形成的。由于离河道的距离越远，天然堤的坡度越缓，所以阻碍了附近的河漫滩排水，最终形成了河漫滩沼泽和与主流平行流动的亚祖支流。

- 洪水是由暴雨或融雪引发的。有时人为干扰会使情势恶化，甚至引发洪水。应对洪水有三种策略：第一种，修建人工堤坝，增加河道的容水量；第二种，河道疏通，改变河道，提高水流效率；第三种，在河流支流上修筑水坝，将突然涌入的水暂时储存起来，然后再慢慢地释放到河流系统中。对洪泛区进行合理管理是一种非工事方案，基于对洪水动态的充分认识。

- 地下水就是地表以下饱水层的沉积物和岩石的孔隙空间内充填的水。饱水层的上限叫作潜水面。潜水面以上水分不饱和的区域被称为非饱水层。

- 可以储存在岩石或沉积物开放空间中的水量被称为孔隙度。渗透率是指物质通过相互连通的孔隙空间传输流体的能力，是影响地下水移动的一个关键因素。含水层由可以自由输送地下水的透水性物质组成，而弱透水层由阻碍或阻止水运输的不透水物质组成。

- 泉水出现在潜水面与地表相交的地方，是一种地下水的自然流动现象。它们也可能是由于悬空的潜水面与地表交汇形成。

- 自流井需在上下都是弱透水层的倾斜含水层中开采。要使一个系统具有自流的条件，井里的水必须承受足够的压力，使其能够上升到承压含水层的顶部。自流井可以是流动的，也可以是不流动的，这取决于承压面是高于地面还是低于地面。

- 当地下水的抽取速度大于补给速度时，潜水面就会逐渐降低，就像高地平原含水层的某些部分一样。这种开采造成的潜水面下降有时会下降超过 30 米。地下水的抽取会导致地下区域孔隙体积减小，疏松的土料颗粒会更紧密地堆积在一起。这种沉积物的整体压实导致了地面的沉降。

- 污水、公路除冰盐、化肥或工业化学品对地下水的污染是另一个亟待解决的问题。一旦地下水受到污染，这个问题就很难解决，修复成本高昂，不然就需要干脆放弃含水层。

- 地下水能溶解岩石，特别是灰岩，并在岩石中留下空洞。溶洞形成于饱水层，但随后潜水面的下降可能会使其变得开放而干燥，可供人们探索。滴水石是水滴留下的碳酸钙在溶洞内沉积而形成的岩石。滴水石形成的地貌包括钟乳石、石笋和石柱。

- 喀斯特地貌发育于灰岩地区，呈现出不规则的地形，其间穿插着许多被称为落水洞的洼地。当溶洞的顶部坍塌时，也会形成落水洞。

Foundations

of Earth Science

02

冰川如何"雕刻"地球?

妙趣横生的地球科学课堂

- 冰川是如何形成的？

- 冰川如何成为"长跑选手"？

- 为什么说冰川是"峡湾之母"？

- 从冰川产生的沉积物有什么作用？

- 南极洲的冰盖到底有多厚？

- 冰河时代还会来吗？

- 地球上的干旱地区面积有多大？

- 为什么干旱之地也有草原？

- 风改变了哪些地貌？

地球上有许多独特的景观，冰川与干旱地貌就是其中的代表。分布在地球的两极和中、低纬度的高山上的冰川，呈现淡蓝色、浅绿色或者淡紫色，并会像镜子一样反射光线，形成独特的光影效果，因此吸引着人们对其形成过程进行研究。如今，冰川覆盖了地球近 10% 的陆地表面。然而，在最近的地质历史中，冰盖的面积曾是现在的 3 倍，厚达数千米，覆盖了广大地区。目前许多地区仍有这些冰川出现过的痕迹。

与冰川截然相反，干旱地貌长期少雨且空气干燥、土壤缺水，远远望去一片黄色，在年降水量仅为 200 ～ 250 毫米的地区，植被格外稀少，较为极端的环境也成为人们探索的领域。

但就像流水和地下水一样，冰川和风也是重要的侵蚀因素。它们是地球上许多地貌形成的主要原因，是岩石循环中的一个重要因素。在岩石循环中，风化产物作为沉积物被搬运然后在各地沉积下来。

本章首先介绍冰川及其形成的侵蚀和沉积地貌，然后探讨干旱与风的地质作用。由于沙漠和类沙漠环境的广泛分布，它们与冰川作用影响的区域面积相当，因此这些地貌的性质也非常值得研究。

Q1 冰川是如何形成的?

冰川的形成并非一朝一夕,它是在数百年甚至数千年内形成的厚冰层。它起源于陆地上积雪的累积、压实和重结晶。冰川似乎静止不动,但实际情况并非如此,冰川只是移动得非常缓慢。

现在的许多地貌都被最近一次冰期中广泛分布的冰川所改造,让人们见识了冰的鬼斧神工。阿尔卑斯山、科德角和约塞米蒂山谷等不同地方的基本地貌都是由已经消失的冰川体塑造的。此外,长岛、五大湖区、挪威和阿拉斯加的峡湾都源于冰川。当然,冰川不只是过去的地质时期的现象,如今的冰川依然在许多地区塑造和侵蚀地貌。

冰川:两大基本循环的一部分

地球系统中有两个重要循环,即水循环和岩石循环,而冰川就是其中的组成部分。我们已经了解到,水圈的水不断在大气圈、生物圈和地圈中循环。水一次又一次地从海洋蒸发到大气中,又降落到陆地上,流入河流和地下,再回到大海。然而,当降水落在高海拔或高纬度时,水可能不会立即向大海移动,而是可能成为冰川的一部分。虽然冰层最终会融化,最终使水流向大海,但水可以在冰川中储存长达数十年、数百年甚至上千年。当水成为冰川的一部分时,移动的冰块可以做大量的功。与流水、地下水、风和波浪一样,冰川也是动态的侵蚀介质,可以积累、搬运和沉淀沉积物。这一过程也是岩石循环的基本组成。在冰川时期,冰川覆盖了大量的岩石表面,岩石在经历长时间的冻结后,会出现裂缝和破碎。而在春季气温回升时,冰层会逐渐融化,形成水流,这种水流会进入岩石表面的裂缝中,当水被再次冻结时,裂缝进一步扩大,如此循环,最终导致岩石破碎和剥落。

山谷冰川

前文提到,冰川实际上处于缓慢移动的状态,那么它是如何行动的呢?原来，在巍峨的高山地区，成千上万个小型冰川沿着最初被河流占据的山谷分布。与以前在这些山谷中流过的河流不同，冰川的前进非常缓慢，也许每天只有几厘米。根据它们所处的位置，这些移动的冰体被称为山谷冰川或高山冰川（见图2-1）。每条冰川都是一条冰流，以陡峭的岩壁为界，从靠近积雪中心的源区沿谷向下流动。与河流一样，山谷冰川或长或短，或宽或窄，或单一或有支流。一般来说，高山冰川的长度大于宽度；有些冰川只延伸了一千米，而有些冰川则延伸了几十千米。例如，哈伯德冰川的西支流经阿拉斯加的山地以及加拿大的育空地区，长达 112 千米。

图 2-1 山谷冰川

这片冰舌，也被称为高山冰川，仍然在侵蚀着瑞士阿尔卑斯山。这些冰川中的深色沉积物被称为中碛。

资料来源：Brännhage Bo/age Fotostock。

冰盖

地球上存在冰原气候的地方，能看到大片的陆地下终年被冰雪覆盖，我们称其为冰盖。冰盖的规模比山谷冰川大得多。这些巨大的冰体从一个或多个积雪中心向四面八方流动，除了地势最高的地方之外，其余区域都被完全盖住了。目前，地球的两个极区都各有一个冰盖：北半球的格陵兰岛和南半球的南极洲（见图2-2）。

格陵兰和南极洲。 有人误认为北极被冰川覆盖，但事实并非如此。覆盖北冰洋的冰是海冰，即冰冻的海水。海冰之所以漂浮是因为冰比液态水的密度小。尽管北极的海冰从未完全消失，但覆盖面积会随着季节的变化而变化。海冰厚度不一，新冰可能只有几厘米，而已经存在了多年的海冰则厚达 4 米。相比之下，冰川可以有几百甚至数千米厚。

冰川形成于陆地，在北半球，格陵兰岛上覆盖着一个冰盖。格陵兰岛位于北纬 60°～80°。这座地球上最大的岛屿被一块惊人的冰盖覆盖着，冰盖面积达 170 万平方千米，约占该岛面积的 80%。冰层的平均厚度接近 1 500 米，在某些地方，冰层甚至延伸到岛上基岩层以上约 3 000 米的地方。在南半球，巨大的南极冰盖厚度约为 4 300 米，面积超过 1 390 万平方千米，几乎覆盖了整个大陆。由于这种地貌面积巨大，因此被称为大陆冰盖。事实上，现今大陆冰盖的面积加起来几乎占地球陆地总面积的 10%。

冰架。冰川冰沿着南极海岸的部分地区流入相邻的海洋，形成了被称为冰架的地貌，冰架也被称为潮水冰川。在浅水中，冰川与陆地仍然相连。在前进的冰川到达更深水域时，冰便漂浮起来，成为冰架。冰架是一种相对平坦的巨型浮冰，它从海岸向海洋延伸，但仍有一侧或多侧与陆地相连。冰架在朝向大陆一侧最厚，向海方向逐渐变薄。它们的补给来自邻近冰盖的冰、降雪以及在其底部冻结的

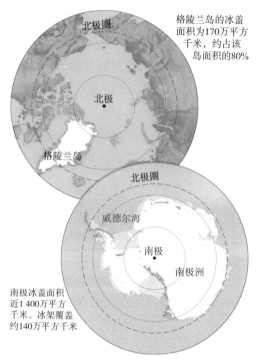

格陵兰岛的冰盖面积为170万平方千米，约占该岛面积的80%

南极冰盖面积近1 400万平方千米。冰架覆盖约140万平方千米

图 2-2　冰盖

目前覆盖格陵兰岛和南极洲的冰盖是地球上仅存的冰盖，它们的总面积约占地球陆地面积的 10%。

◦ 你知道吗？ ◦

格陵兰冰盖的长度足以从佛罗里达州的基韦斯特延伸到缅因州波特兰以北约 160 千米处，它的宽度足以从华盛顿特区到印第安纳州的印第安纳波利斯。换句话说，冰盖面积是美国密西西比河以东地区的 80%。而南极洲冰盖的面积是格陵兰冰盖面积的 8 倍多！

海冰。南极的冰架覆盖的面积约 140 万平方千米,其中罗斯冰架和龙尼－菲尔希纳冰架最大;罗斯冰架覆盖的面积甚至与得克萨斯州的面积相当(见图 2-8b)。

> · 你知道吗? ·
>
> 南极阿蒙森－斯科特站的年平均温度为 −49.3℃。相比之下,靠近龙尼－菲尔希纳冰架的南极海岸麦克默多站的年平均温度要高一些,是 −16.8℃。

其他类型的冰川

除了山谷冰川和冰盖,还存在其他类型的冰川。覆盖着一些高地和高原的冰川被称为冰冠。与冰盖一样,冰冠完全掩盖了底层地貌,但它们远小于大陆尺度的地貌。冰冠出现在许多地方,包括冰岛和北冰洋的几个大岛(见图 2-3)。

还有一种类型的冰川被称为山麓冰川,覆盖在陡峭山脉底部的广阔低地,当一个或多个山谷冰川从山谷中流出并汇聚时,就会形成这种山麓冰川。前进的冰向前铺展成一大片。单个山麓冰川的大小差异很大。

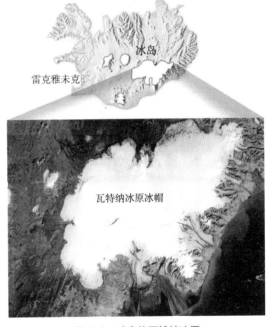

图 2-3 冰岛的瓦特纳冰原

1996 年,格里姆火山在冰盖下爆发,这一事件引发了冰原融化和洪水。冰帽完全覆盖了下面的地形,但比冰盖小得多。资料来源:NASA。

其中最大的是阿拉斯加州东南部海岸宽阔的马拉斯皮纳冰川,它位于高耸的圣伊莱亚斯山脚下,覆盖了 5 000 多平方千米的平坦的沿海平原(见图 2-4)。

冰冠和冰盖通常为注出冰川提供冰源。这些冰流的冰舌沿着山谷向下流动,从这些较大的冰体的边缘向外延伸。冰舌本质上是山谷冰川，是冰从冰冠或冰盖穿过山区移动到海洋的通道。在冰舌与海洋相遇的地方，一些注出冰川以漂浮的冰架的形式伸展开来。这一过程通常会产生大量的冰山。

图 2-4　山麓冰川

山麓冰川的冰从陡峭的山谷溢出到相对平坦的平原上，并在那里扩散开来。阿拉斯加州东南部的马拉斯皮纳冰川占据了这张图片的大部分。它占地约 3 880 平方千米，从山前延伸近 45 千米直到大海。

资料来源：Jeese Alien/NASA Earth Observatory；Landsat data：USGS。

Q2　冰川如何成为"长跑选手"？

我们已经知道冰川是在运动的，那么究竟是以什么样的方式运动呢？

科学家们通过观察发现，冰的运动方式是复杂的，主要有两种运动类型。第一种类型是塑性流动，涉及冰川内部的运动。当冰受到的压力低于 50 米厚的冰所产生的重力时，冰表现为一种脆性固体。一旦超过这一载荷，冰就会变为一种塑性物质，开始流动。这种流动是冰的分子结构造成的。冰川冰由层叠的分子组成。各层之间的结合比各层内部的结合弱。因此，当应力超过层间结合的强度时，各层保持完整但会发生相互滑动。当整个冰块沿着地面滑动时，就出现了常见且重要的第二种冰的运动类型。大多数冰川最底部的冰可能是通过这一滑动过程移动的。

冰川最上面的 50 米被称为破裂带。由于没有足够的覆冰引起的塑性流动，冰川的上部由易碎的冰组成。因此，这一区域的冰是由下方的冰以背驮的方式搬运的。当冰川在不规则地形上移动时，破裂带会受到张力的作用，产生的裂缝叫冰川裂隙（见图 2-5）。有时，这些裂隙可能是冰川移动的唯一明显迹象。图 2-5b 中的南极洲鸟瞰图就是这种情况。

（a）　　　　　　　　　　（b）

图 2-5　冰川裂隙

冰川移动时，内部应力使冰川的脆性上部发育出被称为冰川裂隙的巨大裂缝。裂缝可能深达 50 米，给穿越冰川带来危险。

资料来源：图（a），Jan-Stefan Knick/EyeEm/Getty Images，图（b），NASA。

观察并测量冰川的移动

与水在河流中的运动不同，冰川冰的运动并不明显。如果我们能观察到山谷冰川的移动，我们会发现，与河流中的水一样，冰川并非都以同样的速度向下游移动。由于冰川与山谷壁和地面产生的摩擦力，冰川中心的流速最大。

图 2-6a 所复现的是 19 世纪初人们首次观察到的冰川运动的实验，这是在阿尔卑斯山设计并进行的。研究人员将多个标记物放置在一条横穿山谷冰川的直线上，例如图中所示是在瑞士阿尔卑斯山罗纳冰川上进行的实验。人们将这条线的位置标在冰川的山谷壁上，这样，如果冰移动了，就可以探测到相应位置的变化。标记物的位置会定期被记录下来，于是就能显示出前面所描述的运动。尽管大多数冰川的移动速度相当慢，肉眼不可见，但实验还是成功地证明冰川会发生

移动。在本次实验中，研究人员还绘制了冰川末端的位置，并证明即使冰川内的冰向前移动，冰川的前缘也可能后退。

冰川移动的速度有多快？不同冰川的平均速率差别很大。一些冰川移动非常缓慢，因此树木和其他植被可以在冰川表面堆积的碎屑中茁壮生长。而另一些冰川每天可以前进几米。近年来，人们开始采用卫星雷达成像探测南极冰盖的内部运动。研究表明，部分注出冰川的移动速度每年可以超过800米。此外，一些内陆地区的冰层则以每年不到2米的速度缓慢移动（见图2-6b）。一些冰川的运动特点是偶尔会有一段极为迅速的推进期，也被称为跃动（surges），随后一段时期内的运动速度要慢得多。

> **你知道吗？**
>
> 除了澳大利亚，所有大陆都有冰川。令人惊讶的是，在气候炎热的非洲最高峰乞力马扎罗山上，也有一小块冰川。然而研究表明，自1912年以来，这座山已经失去了80%以上的冰层。到2025年，这一冰川可能全部消失。

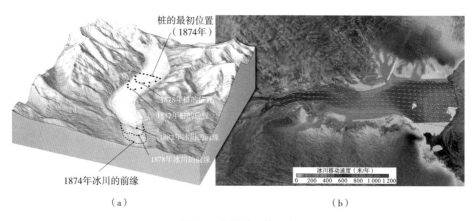

（a）　　　　　　　　　　（b）

图 2-6　测量冰川的运动

图（a），瑞士罗纳冰川末端的冰运动和变化。在这个对山谷冰川的经典研究中，桩的移动清楚地展现了冰川冰的移动，并且发现冰川两侧的移动比中心的移动速度要慢。还要注意的是，尽管冰川前缘在后退，冰川内部的冰却在前进。图（b），这幅卫星图像提供了南极兰伯特冰川移动的详细信息。冰的速度是根据雷达数据每隔24天获得的图像确定的。

资料来源：图（b），NASA。

冰川收支：累积与损耗

雪是形成冰川的原材料。因此，在冬季降雪量大于夏季融化量的地区，就会形成冰川。冰川在不断地获得冰，也在不断损耗冰。

冰川带。积雪和结冰发生在积累带（见图 2-7）。积累带的外部界限由雪线决定。雪线的高度变化很大，从极地区域的海平面到赤道附近的约 5 000 米不等。雪线以上，就进入积累带，雪的增加使冰川变厚，并促进了冰川运动。雪线以下是消冰带。在消冰带中存在冰川的净流失，因为前一个冬天所有的雪都融化了，一些冰川冰也开始融化了。

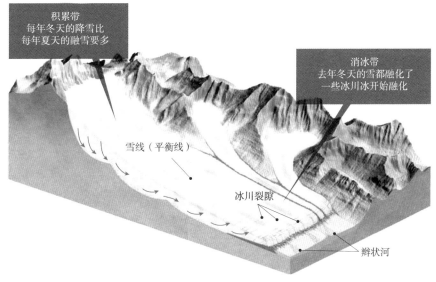

图 2-7 冰川分区

雪线将堆积区和消冰带分开。冰锋的前进、后退和静止不动取决于积累与损耗之间的平衡还是失衡。

除了融化以外，冰川也会随着大块的冰从冰川前端脱落而损耗，这一过程被称为裂冰作用。在冰川到达海洋或湖泊的地方，裂冰作用会制造冰山（见图 2-8）。由于冰山的密度略低于海水，它们在漂浮时，水下的部分超过 80%。

在南极洲冰架的边缘，裂冰作用是使冰架损失冰的主要方式。在这里，裂冰作用制造了相对平坦的冰山，它们的宽度可达几千米，厚度约有 600 米。相比之下，从格陵兰冰盖边缘流出的注出冰川则制造出数千座形状不规则的冰山。许多冰山向南漂流，最后进入北大西洋，它们可能会对船只的航行造成威胁。

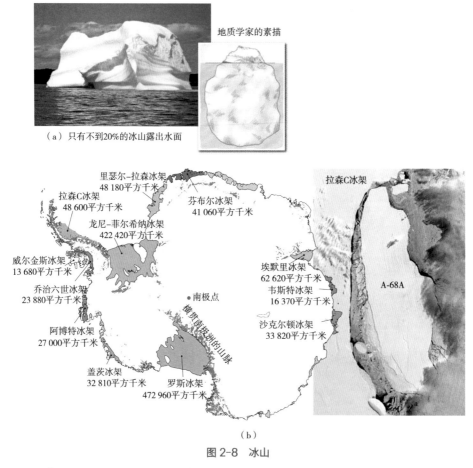

（a）只有不到20%的冰山露出水面

（b）

图 2-8 冰山

当冰川到达水体后，巨大的冰块从冰川前端脱落，就形成了冰山，冰块脱落的过程被称为裂冰作用。图（a），格陵兰岛注出冰川之一的裂冰作用形成了这座冰山。如素描图所示，露出水面的只是"冰山一角"。图（b），这张 2017 年 9 月拍摄的卫星图像显示了最近从拉森 C 冰架上崩落的冰山。这座冰山大约有特拉华州那么大。气温升高可能会增加此类裂冰事件的发生频率。

资料来源：图（a），Radius Images/Alamy Stock Photo；图（b），NASA。

冰川收支。冰川前缘是前进、后退还是保持静止，取决于冰川的收支。冰川收支是指冰川上端积累和末端损失之间的平衡或失衡。如果冰的积累量超过了消耗量，冰川前缘就会向前推进，直到这两个因素达到平衡。此时，冰川的末端就会相对静止。

如果气温升高增加了损耗或降雪量降低减少了累积，冰川前缘将后退。随着冰川末端的退缩，消冰带的范围逐渐缩小。因此，随着时间的推移，积累和损耗之间将达到一个新的平衡，冰川前缘将再次变得静止。

无论冰川前缘是前进、后退还是静止，冰川内的冰都会继续向前流动。在冰川后退的情况下，冰仍然向前流动，但速度不足以抵消冰的损耗。图 2-6A 就说明了这一点。罗纳冰川内的桩线持续向下移动，而冰川的末端却在缓慢向后消退。

冰川消退：不平衡的冰川收支。由于冰川对温度和降水的变化很敏感，因此可以为气候变化提供线索。除了少数例外，世界各地的冰川在过去一个世纪里都以前所未有的速度消退。本章开篇提到的美国冰川国家公园中的高山冰川就是一个明显的例子。图 2-9 中阿拉斯加州哥伦比亚冰川的卫星图像提供了另一个例证。格陵兰冰盖和南极洲的部分冰层也在缩小。许多山谷冰川已经完全消失。

例如，150 年前，位于蒙大拿州的美国冰川国家公园有 147 座冰川，今天只剩下了 37 个，到 2030 年可能会全部消失。全球冰川的极速退缩导致海洋中的水量增加是全球海平面上升的主要原因，近几十年来，全球海平面上升速度一直在加快。

> **· 你知道吗？·**
>
> 如果南极冰盖以合适的均匀速率融化，它将足以为密西西比河提供 50 000 多年的水源。或者，它可以使亚马孙河的流量维持约 5 000 年。

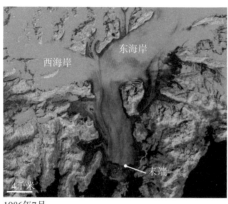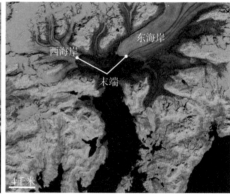

1986年7月　　　　　　　　　　　　　　　　2014年7月

图2-9　消退的哥伦比亚冰川

阿拉斯加州哥伦比亚冰川的假彩色卫星图像拍摄时间相隔约28年。在这段时间里，冰川末端后退了16千米。此外，通过比较裸露基岩（棕色部分）可以看出，冰川明显变薄。事实上，自20世纪80年代以来，哥伦比亚冰川的总厚度和总体积已经减小了约一半。

资料来源：Jeese Allen/NASA Earth Observatory；Landsat data：USGS。

Q3　为什么说冰川是"峡湾之母"？

峡湾是深邃、壮观、陡峭的海湾，存在于许多高山与海洋毗邻的高纬度地区。挪威、不列颠哥伦比亚省、格陵兰岛、新西兰、智利和美国阿拉斯加都具有以峡湾为特征的海岸。你在留恋这些壮美的风景时，可曾想过这些峡湾是如何形成的呢？正确答案是和冰川的侵蚀有关。冰期过后，冰逐渐融化并离开山谷，海平面上升，被淹没的冰川槽就形成了峡湾。

接下来，我们来了解冰川侵蚀过程中产生的主要地貌。

冰川侵蚀着大量的岩石。对任何观察过高山冰川尽头的人来说，其侵蚀力的证据是显而易见的。你可以亲眼目睹冰融化时，各种大小的岩石碎片从冰中脱离出来。所有的迹象都表明，冰刮擦、冲刷撕碎了山谷地面和两壁上的岩石，并将其带到山谷下游。此外，在山区，物质坡移过程也对冰川的沉积物载荷做出了重大贡献。一旦冰川获得岩屑，这些碎屑就不会像被河流或风所携带时那样沉淀下来。因此，冰川可以携带巨大的石块，这是其他侵蚀介质无法做到的。虽然今天的冰川作为侵蚀介质来说，其作用的重要性有限，但最近一次冰期中广泛分布的冰川所塑造的许多地貌，仍然充分反映了冰的巨大作用。

冰川如何侵蚀

由于冰川运动对地表造成机械破坏作用，冰川主要以两种方式侵蚀地面：拔蚀和磨蚀。

第一种侵蚀方式是拔蚀：当冰川流过破裂的基岩表面时，会松动并裹挟岩石块，将它们合并到冰中。当融水渗入冰川底部岩石的裂缝和节理并结冰时，就会发生这个被称为拔蚀的过程。水结冰时会膨胀，将岩石撑裂和松动。各种大小的沉积物通过这种方式，成为冰川载荷的一部分。

第二种侵蚀方式是磨蚀。当冰和它所携带的岩石碎屑在基岩上滑动时，它们就像砂纸一样打磨抛光下面的岩石表面。被冰川磨碎的岩石变成了岩粉。生成的岩粉过多时，离开冰川的融水流往往呈现出脱脂牛奶般的灰色外观——这是冰具备强大研磨力的证明。

当冰川底部的冰含有大块岩石时，它们可能在基岩上凿出长长的划痕和沟槽，这被称为冰川擦痕（见图 2-10a）。基岩表面的这些线状划痕可以为冰川的运动方向提供线索。通过绘制较大区域内擦痕的分布图，就可以重建冰川的流动模式。

并非所有磨蚀作用都会产生擦痕。冰川移动所经过的岩石表面也可能被冰及其所携带的较细颗粒高度打磨，从而变得光滑。加利福尼亚州约塞米蒂国家公园广泛分布的表面光滑的花岗岩就是一个很好的例子（见图 2-10b）。

（b）

（a）

图 2-10　冰川侵蚀

移动的冰川带着沉积物，就像砂纸一样刮擦和抛光岩石。图（a），冰川的磨蚀造
成了基岩上的划痕和沟槽。图（b），加利福尼亚约塞米蒂国家公园中被冰川打磨
光滑的花岗岩。

资料来源：Michael Collier。

与其他侵蚀介质一样，冰川侵蚀的速率变化很大。冰川的差异性侵蚀主要受四个因素控制：冰川运动的速度，冰层厚度，以及底部冰层中的岩石碎屑的形状、含量和硬度，另外就是冰层下表面的易侵蚀性。如果这些因素的任何一个或所有因素随时间或位置不同而变化的话，冰川区域地貌改造的特征、效果和程度都可能发生改变。

冰川侵蚀形成的地貌

山谷冰川与冰盖的侵蚀作用是截然不同的。如果去冰川覆盖的山区，你很可能会看到棱角分明的地形。这是因为高山冰川往往会形成更为陡峭的谷壁，并使轮廓凸出的山峰更加参差不齐，从而加剧了山地景观的不规则性。然而，大陆冰盖通常覆盖巨大的面积，它们的存在往往使地形的起伏更为平缓，而不是放大这些地貌的不规则性。尽管冰盖的侵蚀潜力巨大，但由这些巨大的冰体雕刻而成的地貌通常不会像山谷冰川形成的侵蚀特征那样令人生畏。图 2-11 展示了冰川作用之前、期间和之后的山脉特征。

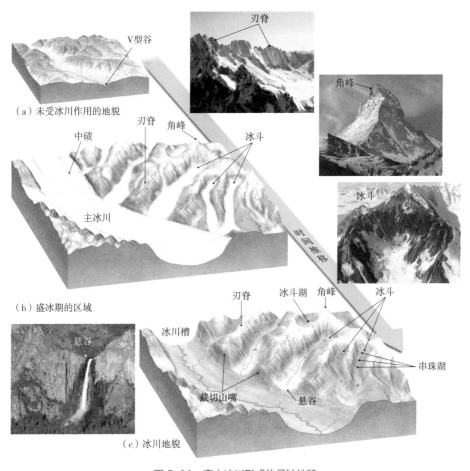

图 2-11 高山冰川形成的侵蚀地貌

图（a），为未受冰川作用的地貌。图（b），被山谷冰川改造后的地形。图（c），看起来与冰川作用之前有很大不同。

资料来源：the James E. Patterson Collection 提供了刃脊的照片；Marli Miller 提供了冰斗的照片；John Warden/Superstock 提供了悬谷的照片。

冰川谷。 如果在冰川谷中徒步，你可以发现许多惊人的冰雕地貌。山谷本身往往就是一个引人注目的景观。河流侵蚀产生河谷，但和河流不同的是，冰川会选择阻力最小的路径，也就是沿着现有的河谷前进。在冰川出现之前，由于河流远高于基准面，因此会向下切割，于是河谷的特点是呈狭窄的 V 形。然而，在冰川作用期间，这些狭窄的河谷会被冰川逐渐加宽和加深，形成一个 U 形的冰川槽（见图 2-11c 和图 2-12）。

图 2-12　U 形冰川槽

在冰川作用之前，河谷通常是狭窄的 V 形。在冰川作用期间，高山冰川使山谷变宽加深，并且变直，形成了典型的 U 形谷。图中所示是位于加利福尼亚州毕晓普（Bishop）以西的内华达山脉。
资料来源：Michael Collier。

　　冰川侵蚀的程度部分取决于冰的厚度。因此，和较小的支流冰川相比，支流所汇入的主冰川（或主干冰川）河谷会被侵蚀得更深。因此，在冰层消退之后，支流冰川的山谷会留在主冰川槽的上方，它们被称为悬谷。流经悬谷的河流会产生壮观的瀑布，比如加利福尼亚州约塞米蒂国家公园的瀑布（见图 2-11c）。

　　冰斗。在冰川谷的头部，有一个通常与高山冰川有关的壮观地貌——冰斗。如图 2-11 中的照片所示，这些碗状凹陷有三个面是陡壁，和一个向山谷下方敞开的开口。冰斗是冰川生长的中心，因为这是积雪和结冰层共同存在的区域。冰斗一开始是一个位于山腰的不规则地貌，随后在冰楔作用和沿冰川两侧和底部的拔蚀作用共同作用下，逐渐扩大。冰川反过来又起着传送带的作用，把碎屑运走。冰川融化后，冰斗盆地有时会形成小湖，这种小湖被称为冰斗湖。

　　刃脊和角峰。阿尔卑斯山、北落基山脉和许多其他由山谷冰川塑造的山脉景观不仅有冰川槽和冰斗，还有边缘分明的蜿蜒山脊，被称为刃脊；以及尖锐的金字塔状山峰，被称为角峰（见图 2-11c）。这两种地貌都可以起源于同一个基本过程：冰斗因拔蚀作用和冻裂作用而扩大。一座高山周围的几个冰斗形成了被称为角峰的岩石尖顶。随着冰斗的扩大和汇聚，就产生了一个个孤立的角峰。瑞士阿尔卑斯山脉的马特峰就是一个著名的例子。

刃脊也可以通过类似的方式形成，只不过冰斗不是绕一个点分布，而是在分水岭的两侧分布。随着冰斗的生长，将它们分开的分水岭缩减得非常狭窄，看起来像刀锋一样。还有一种方式也可以产生刃脊。当两个冰川分别占据互相平行的山谷时，随着冰川磨蚀并扩大山谷，被移动的冰舌分隔开的陆地也逐渐变窄，此时就形成了刃脊。

峡湾。一些峡湾的深度超过 1 000 米。然而，冰期后的海平面上升只能部分解释这些被淹没的沟槽的惊人深度。与河流的下切侵蚀作用不同，海平面不是冰川的基准面。因此，冰川可以将基底侵蚀到远低于海平面的深度。例如，一个300 米厚的山谷冰川在下切侵蚀停止、冰开始漂浮之前，可以将谷底下切到海平面以下 250 米甚至更深（见图 2-13）。

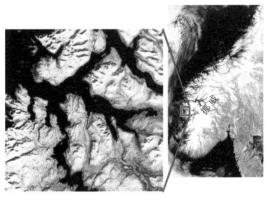

图 2-13 峡湾

挪威海岸以其众多的峡湾而闻名。这些冰川塑造的峡湾通常有几百米深。
资料来源：左图，NASA；右图，Yoshio Tomii/SuperStock。

Q4　从冰川产生的沉积物有什么作用？

　　在很多人的印象中，冰川只会在极地等地区出现，但实际上，很多我们熟悉的景色都与冰川的运动有关。比如新英格兰的岩石牧场、达科他州的麦田以及中西部起伏的农田，这些我们熟悉的乡村景色都是冰川沉积直接造成的。当冰川在陆地上缓慢前进时，会收集并搬运大量的碎屑。最终，这些物质在冰融化时沉积下来。在冰川沉积物沉积的地区，这一过程在各地自然景观的形成中发挥着重要作用。例如，在曾被最近一次冰期的冰盖覆盖的许多地区，数十米甚至数百米厚的冰川沉积物完全覆盖了地体，所以基岩很少出露。这些沉积物的普遍作用是减缓局部起伏，从而使地形平坦。

冰碛的类型

　　人类在对过去地球的探索中，往往会发现某个地区出现了不属于当地的土壤或碎屑。对于这些物质的来源，人们猜测纷纷，但最终发现这些物质都是冰川带来的。

　　例如，早在提出大冰期理论之前，覆盖欧洲部分地区的大部分土壤和岩石碎屑被认为来自其他地方。当时，人们认为这些外来物质随着古代洪水期间的浮冰"漂流"到了现在的位置。因此，这些沉积物被称作 drift（漂移物）。虽然drift 这一术语源于一个不正确的概念，但当人们广泛认识到碎屑的真正起源是冰川时，这个术语已经深入人心，并保留在冰川词汇中了。今天，冰碛物（glacial drift）一词涵盖了一切源于冰川的沉积物，无论它们是如何、在哪里或以何种形式沉积的。

　　冰碛分为两种不同类型：冰川直接沉积的物质，被称为冰碛物；冰川融水沉积的物质，被称为成层冰碛。

冰碛物。与运动的水和风不同，冰不能对其携带的沉积物进行分选。因此，冰碛物的特点是各种粒度的未分选混合物（见图 2-14）。细致观察这些沉积物后发现，由于冰川的拖拽，许多碎片遭到了刮擦和抛光。这些碎片有助于将冰碛物与其他由不同大小的沉积物组成的混合物区分开，如泥石流或岩石滑坡所产生的物质。

在冰碛物中发现的或自由分布在地表的巨石，如果与下方的基岩不同，则称之为冰川漂砾（见图 2-15）。这显然表明，它们被发现的地方并不是其原产地。虽然大多数漂砾的来源地是未知的，但有些来源地是可以确定的。地质学家通过研究这些冰川漂砾和冰碛物的矿物组成，有时可以追寻到冰川运动的轨迹。在新英格兰的部分地区和其他一些地区，牧场和农田中经常有冰川漂砾出现。在一些地方，人们把这些石头从地里清理出来，堆成篱笆和墙。

图 2-14　冰碛物

与流水和风的沉积物不同，直接由冰川沉积的物质不会发生分选。仔细观察冰碛物的话，通常会发现其表面有划痕，这是它们在被冰拖拽移动时形成的。

资料来源：Michael Collier。

图 2-15　冰川漂砾

这颗巨大的冰川漂砾是加拿大不列颠哥伦比亚省斯夸米什一条小径上的一个显著地貌。这种巨砾被称为冰川漂砾。请注意它与右下角的人的对比。

资料来源：Kristin Piljay。

成层冰碛。顾名思义，成层冰碛是根据颗粒的大小和重量分选过的。由于冰不具备分选能力，所以这些沉积物不是像冰碛物一样由冰川直接沉积的，而是反映了冰川融水的分选作用。

一些成层冰碛的沉积物来自从冰川直接流出的河流。其他成层冰碛包括最初作为冰碛物沉淀，然后被冰缘的融水所收集、搬运和再沉淀的沉积物。成层冰碛的沉积物一般主要由砂和砾石组成，因为融水不能搬运更大的物质；而较细的岩粉会悬浮在融水中，被带到远离冰川的地方。在许多地区都可以看到主要由砂和砾石组成的成层冰碛，在这些地区，这些沉积物会被大力开发，用作道路工程和其他建设项目的原材料。

冰碛、冰水沉积平原和冰臼

冰川沉积形成的最普遍的地貌可能是冰碛，它是由冰碛物构成的层状或山脊状凸起。冰碛有几种类型：有些在山谷中很常见，另一些则出现在与冰盖或山谷冰川有关的地区。侧碛和中碛属于第一类，而终碛和底碛则属于第二类。

侧碛和中碛。山谷冰川的两侧堆积了大量来自山谷壁的碎屑。当冰川消退后，这些物质被留在山谷两侧，呈脊状凸起，叫作侧碛。当两个山谷冰川汇合形成一条冰流时，就形成了中碛。也就是说，曾分别被两个冰川携带、沿着冰川边缘移动的冰碛，在新的大冰川中汇合形成一条深色碎屑带。冰流中存在的这种深色条带是冰川冰移动的一个明显证据，因为如果冰川不沿山谷向下流动，就不会形成中碛。在一个大型山谷冰川中常常可以看到好几条中碛，因为每当一条支流冰川与主冰川汇合时，就会形成一条中碛（见图 2-16）。

终碛和底碛。终碛是在冰川末端形成的一种脊状凸起碛，是冰盖和山谷冰川的共同特征。当冰的耗损和冰的积累达到平衡时，就形成了这种相对常见的地貌。也就是说，当冰川末端附近冰融化的速度等于冰川从积累区向前推进的速度时，就会形成终碛。尽管冰川末端是静止的，但冰体在持续向前流动并不断地输送沉积物，就像传送带将货物输送到生产线末端一样。随着冰川融化，冰碛物被"卸下"，终碛也随之生长。冰川前缘保持稳定的时间越长，冰碛形成的脊状凸起就越大。

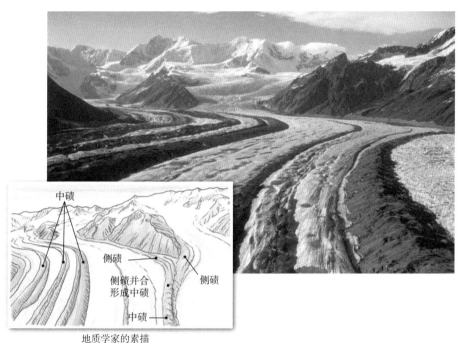

中碛

侧碛

侧碛并合
形成中碛

侧碛

中碛

地质学家的素描

图 2-16　中碛的形成

肯尼科特冰川是一条约 43 千米长的山谷冰川，它塑造着阿拉斯加兰格尔 - 圣伊莱亚斯国家公园的山脉。沉积物的深色条带是中碛。地质学家的素描显示了冰川汇合时侧碛是如何形成中碛的。

资料来源：Michael Collier。

最终，冰的损耗会超过积累。在这种情况下，冰川前缘开始朝最初前进的方向后退。然而，随着冰川前缘后退，冰川的传送带作用会继续向末端提供新的沉积物。

大量的冰碛就这样随着冰融化而沉积，形成布满岩石、起伏不平的地表。随着冰川前缘的后退而沉积下来的绵延起伏的冰碛层被称为底碛。底碛具有平整作用，会填平低洼，堵塞旧河道，常导致现有地表水系的紊乱。在底碛较新的地区（如五大湖区），由于排水不畅，沼泽相当普遍。冰川会周期性地后退至一个点，使得损耗和积累再次达到平衡。当这种情况发生时，冰川前缘会稳定下来，形成新的终碛。

在冰川完全消失之前，终碛形成与底碛沉积的模式可能会重复多次。这种模式如图 2-17 所示。形成的第一个终碛标记了冰川推进的最远距离，被称为终端终碛。冰川前峰在消融过程中，偶尔会达到稳定状态，此时形成的终碛被称为冰退终碛。终端终碛和冰退终碛在本质上是相似的，唯一的区别就是它们的相对位置。在美国中西部和东北部的许多地区，末次冰期的冰川所沉积的终碛是一种显著的地貌。

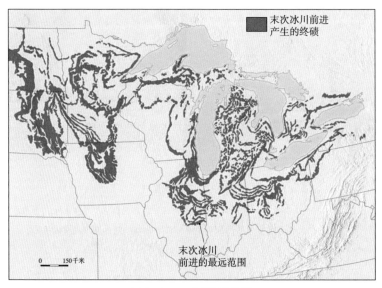

图 2-17　五大湖区的终碛

图 2-18 显示了一个冰川作用期间和作用之后的区域，包括前面提到的终碛以及后续章节将讨论的沉积地貌。这幅图描绘的景观特征与美国中西部和新英格兰的地貌相似。当你阅读到其他关于冰川沉积物的描述时，此图可以作为参考。

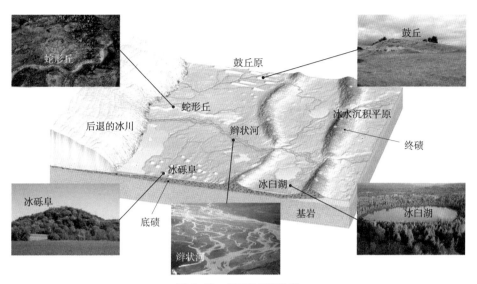

图 2-18 常见的沉积地貌

这张图显示了一个冰川作用期间和作用之后的区域。

资料来源：图片从左上角开始按顺时针方向开始，Grambo Photography/Alamy Stock Photo, Paul Heinrich/ Alamy Stock Photo, Carlyn Iverson/Science Source, Michael Collier, Drake Fleege/Alamy Stock Photo。

冰水沉积平原和谷边碛。在终碛形成的同时，融水从冰中流出，形成快速流动的河流。这些河流会携带大量的悬移质和推移质。当水离开冰川时，它会迅速减速，大部分推移质会在此处沉积，使得河道变成辫状河。这样，在大部分终碛下游一侧的边缘附近，会形成一个宽阔的斜坡状的成层冰碛堆积体。当该地貌的形成与冰盖有关时，就被称为冰水沉积平原；如果该地貌被局限在山谷中，则通常被称为谷边碛。

冰臼。通常，终碛、冰水沉积平原和谷边碛上都散布着盆地或洼地，这被称为冰臼（见图 2-18）。若未融化的冰块被埋在冰碛中，最终融化时就会在冰川沉积物中留下凹坑，这就是冰臼。大多数冰臼直径不超过 2 千米，一般深度

> **你知道吗?**
>
> 马萨诸塞州康科德附近的瓦尔登湖是冰臼的一个著名例子。19 世纪 40 年代，著名的超验主义者梭罗就是在这里独自生活了 2 年，并创作了美国文学经典《瓦尔登湖》（也被称为《林中生活》）的。

小于 10 米。这些洼地经常被水充满，形成池塘或湖泊。

鼓丘、蛇形丘和冰砾阜

冰碛并不是冰川沉积的唯一地貌。另外一些地貌的特点是由许多细长的平行山丘组成。还有一些地区则具有以成层冰碛为主要组成的锥形丘陵和相对狭窄的蜿蜒山脊。

鼓丘。鼓丘是由冰碛物组成的流线型不对称山丘（见图 2-18），高度为 15 ～ 60 米，平均长度为 0.4 ～ 0.8 千米。这些山丘陡峭的一侧指向冰川来的方向，而平缓的一侧指向冰川前进的方向。鼓丘不是单独出现，而是成群出现时，被称为鼓丘原。在纽约州罗切斯特市以东的一个鼓丘群，据估计大约包含 10 000 个鼓丘。鼓丘的流线形状表明，它们形成于活跃冰川内部的流动区。人们认为，冰川在先前沉积的冰碛之上移动并重塑这些物质的形状时，塑造了这片鼓丘。

蛇形丘和冰砾阜。在一些曾经被冰川占据的地区，可能会出现主要由砂和砾石构成的蜿蜒山脊。这些山脊被称为蛇形丘，是冰川末端附近的冰下隧道中流动的水形成的沉积物（见图 2-18）。它们高约几米，延伸数千米长。在一些地区人们开采蛇形丘以获取砂和砾石，因此，一些地区的蛇形丘正在消失。

冰砾阜。冰砾阜是一种陡峭的小丘，与蛇形丘类似，主要由成层冰碛组成（见图 2-18）。当冰川融水携带沉积物，冲进停滞的冰川末端的裂缝和凹陷处时，就形成了冰砾阜。当冰最终融化时，留下的成层冰碛呈小堆或小山丘的形状。

Q5　南极洲的冰盖到底有多厚？

南极洲冰盖的重量如此之重，以至于它将地壳直接下压了约 900 米，甚至更多。在地质历史时期，地球上的冰一直扮演着重要的角色。

它曾对地表造成了大规模的侵蚀和沉积作用，这些作用影响深远。例如，随着冰川进退，动植物被迫迁移。由此引发的选择压力是一些生物无法承受的，因此导致了许多动植物的灭绝。

冰盖的形成和融化关系着海平面的变化。冰盖的前进和后退也导致了河流路线的重大变化。在一些地区，冰川像水坝一样，制造了大型湖泊。而这些冰坝崩塌时，也会对地貌造成极其重大的影响。

此外，在如今是沙漠的地区，冰川曾经的作用形成了另一种类型的湖泊——雨成湖。除本节所述的冰期冰川的其他影响外，你还应该了解，冰的积累和消融会引发地壳调整，这一概念被学界称为地壳均衡调整。

改变海平面

冰期最有趣且可能极具戏剧性的影响之一是伴随着冰川进退而出现的全球海平面的升降。尽管今天冰川的总体积依旧很大，但是在末次冰期，冰川的体积几乎是现在的 3 倍。我们知道，为冰川提供补给的雪的终极来源是海洋蒸发的水分。因此，当冰盖增大时，海平面会下降（见图 2-19）。据估计，在末次冰期，最高海平面比现在低 100 米。因此，目前被海洋淹没的土地，过去都是干涸的陆地。美国的大西洋海岸曾经位于纽约市以东 100 多千米处。此外，今天英吉利海峡的所在地，曾经是将法国和英国连接在一起的陆地。白令海峡曾是把阿拉斯加和西伯利亚连接在一起的陆地，而东南亚则通过陆地与印度尼西亚群岛相连。

改变河流

现在的许多河流路线与冰期前的路线几乎没有相似之处。密苏里河曾向北流向加拿大的哈德孙湾。密西西比河曾沿着一条河道穿过伊利诺伊州中部，俄亥俄河的源头只延伸到印第安纳州。对比图 2-20 的两部分可知，五大湖区是由冰期冰川侵蚀形成的。在第四纪以前，这些大湖所在的盆地只是有河流流经的低地，其中的河流向东流入圣劳伦斯湾。

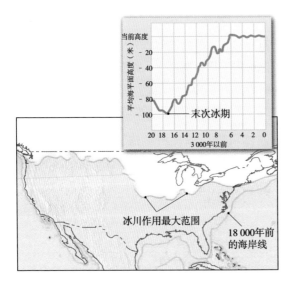

图 2-19　变化的海平面

随着冰盖的形成和消融，海平面随之下降和上升，导致了海岸线的移动。在大约 18 000 年前的末次冰期，海平面比现在低约 100 米。在末次冰期，海岸线后退到今天的大陆架上。

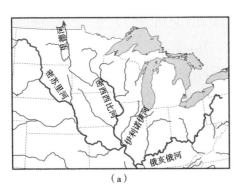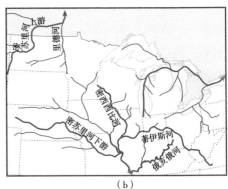

（a）　　　　　　　　　　　　　　（b）

图 2-20　河流变化

冰盖的前进和后退导致美国中部河流的路线发生了重大变化。图（a），现在人们熟悉的五大湖和现代河流模式。第四纪冰盖在这种模式的形成中起主要作用。图（b），末次冰期前流域系统的重建。当时的河流模式与今天大不相同，五大湖区也不存在。

冰坝形成的冰前湖

冰盖和高山冰川可以像水坝一样截断冰川融水，阻止河流的流动，从而形成湖泊。其中一些湖泊相对较小，是寿命较短的蓄水区。还有一些湖泊可能很大，能存在数百或数千年。

图 2-21 是阿加西湖，它是北美在冰期时形成的最大的湖泊。它大约形成于 12 000 年前，存在时间持续了大约 4 500 年。随着冰盖的消退，大量的融水随之而来。美国西部大平原是一个向西逐渐升高的斜坡，随着冰盖的末端向东北方向退去，融水被困在冰和另一侧的坡地之间，导致阿加西湖越来越深，覆盖的面积越来越大。这种水体被称为冰前湖，即它们的位置刚好在冰川或冰盖的边缘之外。研究表明，冰川的移动和冰坝的崩塌会导致大量的水被迅速释放。阿加西湖就是这样形成的。

> · 你知道吗？ ·
>
> 五大湖区合在一起构成了地球上最大的淡水水体。这些湖泊形成于 12 000 至 10 000 年前，目前约占地球表面淡水总体积的 19%。

> · 你知道吗？ ·
>
> 南极洲冰盖的重量如此之重，以至于它将地壳向下压了约 900 米，甚至更多。

图 2-21 阿加西湖

阿加西湖曾是一个巨大的湖泊，比现在的五大湖区加起来还要大。如今，这个冰川前水体的残留部分仍然是该地区主要的地貌景观。

雨成湖

虽然冰盖的形成和生长明显响应了气候的显著变化，但冰川的存在本身就能引发该地区异常的气候变化。在冰期，所有大陆的干旱和半干旱地区，温度都较低，这意味着蒸发率也较低。同时，降水量适中。这种比现在更凉爽、更湿润的气候制造了很多湖泊，它们被称为雨成湖。在北美，雨成湖主要集中在内华达州和犹他州盆岭区（见图 2-22）。虽然大多数雨成湖现在都消失了，但仍有少量残存的湖泊存在，其中最大的是犹他州的大盐湖。

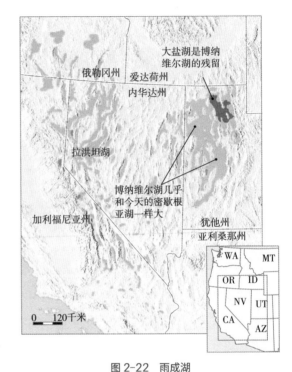

图 2-22　雨成湖

在冰期，盆岭区的气候比现在更湿润，许多盆地变成了大湖。

Q6　冰河时代还会来吗？

我们现在知道，冰期开始于距今 300 万年前至 200 万年前的某个时间，主要发生在地质年代表上的第四纪。在第四纪冰期，冰盖和高山冰川的面积远远超过今天。在这次冰期，除南极洲的冰盖之外，冰在地球上几乎 30% 的陆地上留下了自己的印记（见图 2-23）。北半球的冰川冰量大约是南半球的 2 倍。主要原因是南半球中纬度地区的陆地面积很小，因此，南极冰层不能延伸到南极洲边缘以外很远的地方。相比之下，北美和欧亚大陆为冰盖的扩张提供了广阔的土地。

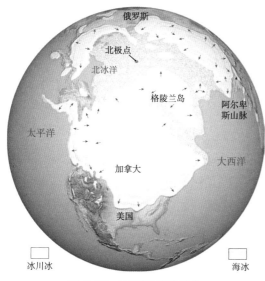

图 2-23　冰曾经覆盖的地方

这张地图显示了第四纪冰期北半球冰盖的最大范围。

　　陆地上的冰川记录被许多侵蚀间断所打断，这使我们很难重现冰期的情景，
但是海底的沉积物为这一时期的气候循环提供了不间断的记录。对这些海底沉积物
的研究表明，冰期/间冰期循环大约每10万年发生一次。在我们称之为冰期的时
间内，大约有20个冷暖交替的周期。以冰期为特征的冰期/间冰期循环只是较长
时期相对凉爽气候最新的极端表现，南极洲大约在4 000万年前开始有冰川覆盖。

Q7　地球上的干旱地区面积有多大？

　　世界上干旱地区面积惊人，约为4 200万平方千米，大约占地球陆
地面积的30%。没有任何一个其他气候类型能够覆盖这么大的陆地面
积。单词desert的字面意思是"被遗弃的"或"无人居住的"。对许多
干旱地区来说，这个描述都非常恰当。然而，只要是沙漠里有水的地方，
动植物就能茁壮成长。尽管如此，世界的干旱地区也是地球上除了极地
以外，最不为人熟知的陆地区域。

提到沙漠地带，很多人脑海里出现的画面是一望无际的黄色沙海和漫天飞舞的沙尘。沙漠地貌通常显得格外荒凉，缺乏土壤和茂盛的植被带来的柔和与生机。在广袤的沙漠中，最常见的景观就是贫瘠的岩石和陡峭的斜坡。在一些地方，岩石被染成橙色和红色，还有一些则是灰色和棕色，并带有黑色条纹。对许多游客来说，沙漠展现出令人惊叹的美景，但也有一些人觉得沙漠荒凉贫瘠、毫无生机。不管给人的感觉如何，沙漠与人们生活的区域有很大不同。

干旱地区并不是受单一地质作用支配的。相反，构造（造山）力、流水和风等因素都起了重要作用。这些因素在不同的地方以不同的方式结合在一起，塑造了沙漠地区多变且与众不同的地貌。

干旱地区的分布和成因

我们都知道沙漠是干旱地区，但是干旱（dry）一词意味着什么呢？换句话说，干旱地区和湿润地区之间是以多少降水作为分界呢？

有时，干旱是通过单一的降水量来定义的，比如降水量在每年 25 厘米以下即是干旱。但是，干度（dryness）的概念是相对的，它指的是任何缺水的情况。气候学家将年降水量低于年蒸发量的气候称为干旱气候。

在这些缺水地区，通常会出现两种气候类型：沙漠（或干旱）气候，草原（或半干旱）气候。这两个气候类型具有许多共同特点：它们之间的差异主要是程度上的不同。草原是沙漠的边缘地带，比沙漠湿润，代表了沙漠周围的过渡地带，将沙漠气候区与湿润气候区分隔开。沙漠和草原区域的分布地图显示，干旱地区集中在亚热带和中纬度地区。

非洲、阿拉伯和澳大利亚等地的沙漠主要是由全球盛行的气压带和风带的分布造成的。与低纬度干燥地区相对应的，是被称为副热带高压的高气压区。这种压力系统的特征是下沉气流。空气下沉时会发生压缩和升温。这样的条件恰恰与产生云和降水所需的条件相反。因此，这些地区的特色就是晴朗的天空、强烈的阳光和持续的干旱。

中纬度沙漠和草原之所以存在，主要是因为它们坐落在大陆的内部。它们远离海洋，而形成云和降水的水最终来自海洋。此外，挡在盛行风路径上的高山进一步将这些区域与含水的海洋气团隔离开。在北美，海岸山脉、内华达山脉和喀斯喀特山脉是内陆与来自太平洋的水分之间最重要的屏障。美国西部干旱而广阔的盆岭区就位于这些山脉的雨影里。中纬度沙漠为造山运动对气候的影响提供了一个例子。如果没有山脉，今天干旱地区的气候将会变得湿润。

干旱气候下的地质过程

裸露的棱角状岩石、陡峭的峡谷壁、布满卵石或砂的沙漠表面，与较湿润地区圆润的山丘、蜿蜒的斜坡形成鲜明对比。对来自湿润地区的游客来说，塑造沙漠景观的力量似乎与湿润地区的截然不同。然而，尽管两种区域的差异十分惊人，但这并不代表塑造它们的过程是不同的。它们只是揭示了相同过程在不同气候条件下造成的不同结果。

干旱区域的风化作用。我们知道，水在化学风化中起到了重要作用。因此，化学风化过程在干旱地区不如湿润地区突出。在湿润地区，土壤相对肥沃，能够滋养几乎不间断的植物生长。这里的坡面和岩石边缘都比较柔和。这样的景观反映了潮湿气候中化学风化的强烈影响。相比之下，沙漠中大部分风化岩屑由未蚀变的岩石和矿物碎片组成，这是机械风化作用的结果。在干旱地区，由于缺乏水分，且来自腐烂植物的有机酸不足，因此任何类型的岩石风化作用都大大减弱。然而，沙漠中并非完全不存在化学风化。经过很长时间，确实形成了黏土和稀薄的土壤，许多含铁的硅酸盐矿物被氧化，于是为一些沙漠景观染上了铁锈色。

水的作用。沙漠地区降水稀少，发育的河流也很稀少。然而，水在干旱地区的地貌塑造方面起着重要作用。常流河在湿润地区很常见，但几乎所有的沙漠河流在大部分时间内都是干涸的。沙漠有季节性河流，也就是说它们只有在特定的降水时期才会有水。一条典型的季节性河流一年可能只流几天或几小时。在有的年份里，这条河可能根本没有水流。

这一个事实对于任何一个有经验的旅行者而言也是显而易见的。当一个人

> **你知道吗？**
>
> 北非的撒哈拉沙漠是世界上最大的沙漠。从大西洋延伸到红海，面积约 900 万平方千米，相当于美国的面积。相比之下，美国最大的沙漠，内华达州的大盆地沙漠，其面积不到撒哈拉沙漠的 5%。

在干旱地区旅行时，即使是走马观花，也会注意到有的桥下并没有河流，或者有的道路延伸进了干涸的河道。然而，当出现罕见的大雨时，如此多的雨在这么短的时间内落下，并不是所有雨水都能被原地吸收。由于植被稀少，径流基本上不受阻碍，因此流速很快，经常导致沿谷底发生暴洪（见图 2-24b）。然而，这种洪水与湿润地区的洪水大不相同。像密西西比河这样的河流如果发生洪水，可能需要好几天才能达到峰值，然后开始消洪，而沙漠洪水来得快，消退得也快。由于大部分地表物质并没有被植被固定，因此一次短暂的降水事件所带来的侵蚀作用是非常显著的。

强降雨后的季节性河流。尽管洪水的存在时间很短，但它们能造成严重的侵蚀

大多数时候，沙漠河流是干涸的

沙漠地区的常见标志。大雨后，倾斜进季节性河流的道路会迅速被水淹没

潜在
闪洪区

前方
21英里

图 2-24　季节性河流

此处位于犹他州南部的拱门国家公园附近。在干燥的美国西部，季节性河流通常被称为 wash 或 arroyo。

资料来源：Dorling Kindersley Limited。

湿润地区具有完整的流域系统。但在干旱地区，河流通常缺乏广泛的支流系统。事实上，沙漠河流的一个基本特征是它们规模很小，在流入大海之前就已经消失了。由于潜水面通常在地表以下很深的地方，沙漠河流很少能像湿润地区的溪流那样，利用地下水进行自我调节。如果没有稳定的水源供应，蒸发和渗透的共同作用很快就会使河流枯竭。

> **你知道吗？**
>
> 有记录以来的一些最高温度往往出现在沙漠中。美国真实记录的最高温度也是世界上最高的温度。1913 年 7 月 10 日，加利福尼亚州死亡谷的温度达到 134 °F。

有少数几条穿越了干旱地区的常流河，比如科罗拉多河和尼罗河，它们发源于沙漠之外，通常是在水量充足的山区。在这种情况下，水源必须充足，才能弥补河流穿过沙漠时所经受的损失。例如，尼罗河从它的源头非洲中部的湖泊和山脉流出后，在撒哈拉沙漠中流动了近 3 000 千米，没有一条支流。相比之下，在潮湿地区，河流的流量通常向下游方向增加，因为支流和地下水在沿途提供了额外的水。

值得注意的是，尽管在沙漠中很少有降水，但其中大部分的侵蚀作用是由流水完成的，这与人们的普遍印象正好相反，风并不是塑造沙漠景观最重要的侵蚀介质。虽然风力侵蚀在干旱地区确实比其他地方更重要，但大多数沙漠地貌仍然是由流水塑造的。风的主要作用是沉积物的搬运和沉积，它塑造了脊状和丘状结构，即我们所说的沙丘。

Q8 为什么干旱之地也有草原？

在美国的盆岭区，一个地形上表现为不对称的狭长山岭和盆地相间排列的区域，呈现出山岭西坡缓倾、东坡陡峭的地貌。位于美国西南部的科罗拉多草原，则是科罗拉多河的高原部分，海拔高，气温低，降水少，气候干燥，是典型的大陆性气候。这两个地方是占据了美国西部干旱内陆大部分地区的两个地貌的组合：盆岭区以及科罗拉多高原。本节将对此进行详细介绍。

盆岭区

干旱地区通常没有常流河，但有内陆水系。这意味着它们具有间断性的季节性河流，这些河流不会从沙漠流向海洋。在美国，干旱的盆岭区就是一个很好的例子。该地区包括俄勒冈州南部、内华达州、犹他州西部、加利福尼亚州东南部、亚利桑那州南部和新墨西哥州南部。

"盆岭"这个名字很适合用来描述这个面积近 80 万平方千米的地区，因为区域内分布着 200 多座相对较小的山脉，山脉之间是低缓的盆地，山脉比盆地高出 900 ～ 1 500 米。这些断块山的成因在前文中已经讨论，在本节中，我们将探究地表过程如何改造了这种地貌。

与世界上其他类似的具有内陆水系的地区一样，盆岭区大部分的侵蚀都与海洋（终极基准面）无关，因为内陆水系永远不会到达海洋。图 2-25 中的块状模型描述了盆岭区的地貌演变过程。在山体抬升过程中及抬升后，风化作用、物质坡移和流水对抬升的陆块进行侵蚀，并在相邻盆地中沉积大量碎屑。地势是指一个地区高点和低点之间的高度差。在这个早期阶段，地势是最大的。随着侵蚀过程的进行，山脉降低，沉积物使盆地填平，高度差不断减小。

当断断续续的降水或高山的间歇性融水沿峡谷向下流动时，这些水流就会携带大量的沉积物。径流从峡谷的边缘流出，漫过山脉底部较平缓的斜坡，并迅速减速。因此，大部分的沉积载荷在短距离内沉淀下来，其结果是在峡谷的出口形成了一个被称为冲积扇的碎屑锥。随着时间的推移，冲积扇不断扩大，最终与邻近峡谷的冲积扇合并，在山前形成了一个冲积平原，名为山麓冲积平原。

在罕见的降水充沛时期，流水可能会穿过冲积扇流到盆地内部，使盆地底部变成一个较浅的干盐湖。干盐湖只能存在几天或几周，然后发生蒸发和渗透而将水耗尽。剩下的干燥平坦的湖床被称为干荒盆地。干荒盆地偶尔会被一层盐覆盖，这是盐水蒸发后留下的盐滩。图 2-26 是加利福尼亚州死亡谷部分地区的卫星图和鸟瞰图，死亡谷是典型的盆岭地貌。刚刚描述的许多地貌在这张图片上都能明显看到，包括山麓冲积平原（山谷左侧）、冲积扇、干盐湖和广阔的盐滩。

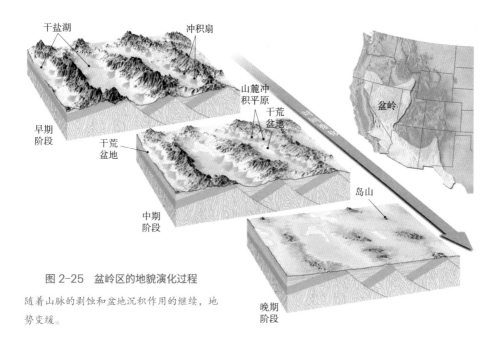

图 2-25　盆岭区的地貌演化过程

随着山脉的剥蚀和盆地沉积作用的继续，地势变缓。

随着山体被持续侵蚀和相邻盆地中随之而来的沉积作用，地势起伏变小，最终几乎整个山体都消失了。因此，在侵蚀作用的最后阶段，山区只剩下几个巨大的基岩丘（岛山）在填满沉积物的盆地上拔地而起。

图 2-25 描绘了可以在盆岭区观察到的干旱气候中地貌演变的每个阶段。最近，地质学家在俄勒冈州南部和内华达州北部发现了处于早期侵蚀阶段的隆

> 你知道吗？
>
> 并非所有沙漠都是炎热的。中纬度沙漠的气温很低。例如，在乌兰巴托所处的蒙古戈壁沙漠，1 月份的平均气温只有 -19℃！

起山脉。加利福尼亚州死亡谷和内华达南部属于中期阶段，而在亚利桑那州南部可以看到以岛山为特征的晚期阶段。

图 2-26　死亡谷部分地区卫星图和鸟瞰图

左边是 2005 年 2 月卫星拍摄的图片，暴雨导致了一个小型干盐湖的形成——盆地底部的绿色水池。到 2005 年 5 月，这个湖变成了被盐层覆盖的干荒盆地。右下角的小图是死亡谷众多冲积扇之一的近景。

资料来源：NASA。

科罗拉多高原

科罗拉多高原位于犹他州、亚利桑那州、新墨西哥州和科罗拉多州的边界交汇处，因该地区大部分属于科罗拉多河及其支流的流域而得名。科罗拉多高原上有几个著名的国家公园，包括大峡谷国家公园、宰恩国家公园、布莱斯峡谷国家公园、圆顶礁国家公园、峡谷地公园和拱门国家公园等（见图 2-27a）。高原上有数百个引人注目的峡谷，这些峡谷主要是由于地面高度远远高于侵蚀基准面而形成的。

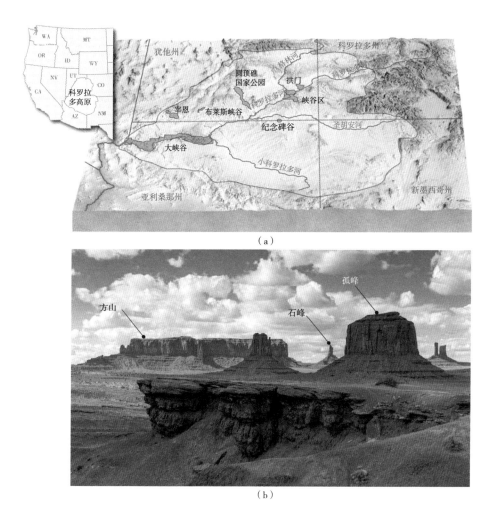

（a）

（b）

图 2-27 科罗拉多高原

图（a），该区域与盆岭区一起，以 4 个州为 4 个角，占据了美国西部的大部分内陆地区。图（b），
纪念碑谷有许多方山、孤峰和石峰，是亚利桑那州北部科罗拉多高原的标志性景观。

资料来源：Mimi Ditchie Photography/ Getty Images。

与盆岭区的断块山脉和沉积充填盆地相比，高原大部分地区的沉积岩大多是
平坦的。沉积岩各层表现出不同程度的抗风化和抗侵蚀能力，因此地形突变是常

见的特征。由坚硬的砂岩或灰岩构成的悬崖几乎垂直地从一个高原面上升到一个更高的高原面。相比之下，容易被侵蚀的页岩通常形成从悬崖底部向外延伸的缓坡。通常形成悬崖的地层节理十分发育。沿着连续的节理断裂，悬崖壁向高地后退，保持其垂直面。悬崖沿着高地边缘后退产生了陡峭的平顶丘陵，被称为方山（means，西班牙语中的"桌子"）。相关但较小的地貌被称为孤峰。随着进一步的侵蚀，可能只剩下石峰这种更小的残余地貌，即保护着下面较弱岩层的抗蚀盖层最后残余的尖顶（见图 2-27b）。方山、孤峰和石峰是以前更广阔平整地表的遗迹，这些平地的大部分已被侵蚀。

Q9　风改变了哪些地貌？

　　我们对风并不陌生。宁静而舒适的微风、呼啸而过的强风、如同要毁灭一切的暴风，交叉着在地球上出现。但很多人并不了解的是，与所有其他侵蚀介质一样，风是岩石循环中的一个环节，在岩石循环中，风化物质被卷起、搬运和沉积。正如你所看到的，风的作用往往在干旱和半干旱地区最为明显。

风蚀

　　运动中的空气就像流水一样，处于湍流状态，能够携带松散的碎屑并将其搬运到其他地方。与水流相似，风速随着离地面高度的增加而增加，细小颗粒以悬移质的形被搬运，而较重的颗粒则以推移质的形式移动。然而，风和水对沉积物的输运有两个显著的区别。首先，与水相比，风的密度更低，并且时有时无，因此它卷起并搬运粗粒物质的能力较差。其次，风不像河流会受到河道限制，因此风不但能把沉积物搬运到更广的区域，还可以把沉积物吹到高空中。与流水和冰川相比，风是一种相对不那么重要的侵蚀介质。回想一下，即使在沙漠里，大部分侵蚀也是由流水而不是风造成的。还有一点很重要，那就是风蚀在干旱地区比在湿润地区效率更高，因为在湿润的地方，水分会把颗粒凝聚在一起，而且植被也能将土壤固定住。干旱和植被稀少是风具有高侵蚀能力的前提。满足这些前提条件时，风就能够卷起、搬运和沉积大量细粒沉积物。20 世纪 30 年代，美国大平原的部分地区经历了巨大的沙尘暴。耕种破坏了自然植被，随后是严重的干旱，土地被风侵蚀，导致该地区沙尘暴盛行，被称为沙尘碗。

吹蚀与风蚀洼地。 吹蚀是风蚀的一种方式，它会吹起并移除疏松的物质。

> **你知道吗？**
>
> 智利的阿塔卡马沙漠是世界上最干燥的沙漠。这条狭窄的干旱地带沿着南美洲太平洋海岸延伸约 1 200 千米。据说阿塔卡马的一些地区已经 400 多年没有降水了！当然，人们应抱以怀疑的态度对待这些说法。然而，已有记录的地方，例如位于阿塔卡马北部的智利阿里卡，已经连续 14 年没有可测量的降水了。

由于流动空气的载荷力较弱，即搬运不同大小颗粒的能力较低，所以它只能使较细的沉积物悬浮起来，如黏土和粉砂（见图 2-28）。较大的砂粒沿地表滚动或跳动，构成了推移质（见图 2-29），这一过程被称为跃移。比砂更大的颗粒通常不会被风吹走。吹蚀的效果有时很难被注意到，因为它会使整个地表同时被削低，但这个过程造成的影响是非常显著的。

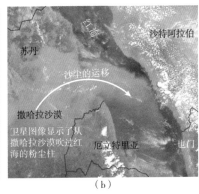

（a） （b）

图 2-28 风中的悬移质

图（a），这场被称为哈布（haboob）的巨大沙尘暴于 2018 年 7 月 9 日席卷了亚利桑那州的凤凰城。图（b），这张卫星图像显示了 2009 年 6 月 30 日，来自撒哈拉沙漠的浓密沙尘柱吹过红海。这种沙尘暴在干旱的北非很常见。事实上，这个地区是世界上最大的沙尘源。

资料来源：图（a），Andrew Pielage/ZUMA Press/Newscom；图（b），NASA。

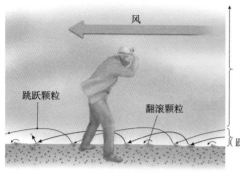

图 2-29 砂的运移

风携带的推移质由砂粒组成，其中许多砂粒通过沿表面跳跃而移动，这一过程被称为跃移。即使风很大，砂粒也不会离地表太远。

资料来源：Bernd Zoller/Getty Images。

在某些地方，吹蚀最显著的结果是形成较浅的低地，被称为风蚀洼地（见图 2-30）。在美国大平原地区，从得克萨斯州北部到蒙大拿州，可以看到数以千计的风蚀洼地。它们的规模各不相同，小的深不足 1 米、宽 3 米，大的深度可达45 米、宽几千米。控制这些风蚀洼地深度的因素是当地潜水面。当吹蚀使得地表下降到潜水面位时，潮湿的地面和植被通常会阻止进一步的吹蚀。

这个人正指着草地开始生长时的地面。风蚀使地面下降到脚踝的高度

图 2-30 风蚀洼地

当陆地干燥且基本上不受植被保护时，吹蚀能更加高效地制造出这些洼地。

资料来源：USDA/NRCS/Natural Resources Conservation Service。

沙漠表面的砾石化。 在许多沙漠的一些地区，地表的特征是具有一层因太大而无法被风搬运的粗砾和卵石。这种多石的表面被称为石漠，当吹蚀作用从分

选差的物质中吹走砂和粉砂，从而使地面降低时，就会形成石漠。如图 2-31a 所示，随着地面较细的颗粒被吹走，较大颗粒的比例就会逐渐增大，最终留下了被粗粒物质覆盖的地面。研究表明，如图 2-31a 所示的过程并不能充分解释出现石漠的所有环境。因此，有人提出了其他解释，如图 2-31b 所示。这一假设认为，一开始由粗砾石组成的表面是石漠发育的基础。随着时间的推移，凸出的粗砾会捕获风吹来的细颗粒，这些小颗粒发生沉降，并通过地表较大岩石之间的空隙向下筛选。雨水的下渗有助于这个过程的发生。

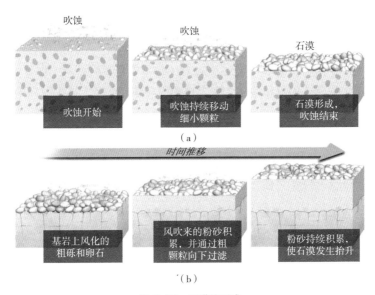

图 2-31　石漠的形成

图（a），这个模型显示了一个分选差的沉积地表。随着时间的推移，吹蚀降低了地表，粗颗粒变得集中。图（b），在这个模型中，地表最初覆盖着粗砾石和卵石。随着时间的推移，被风吹来的尘土在地表积累并逐渐被筛到下方。雨水的渗入有助于这一过程。

石质表层的形成可能需要几百年的时间，一旦形成了，在不受干扰的情况下，石漠表面可以有效防止进一步吹蚀。然而，由于该层只有一两块石头那么厚，车辆行驶或动物的活动都会使粗砾石移动，暴露出下面的细粒物质。如果发生这种情况，地表将继续受吹蚀作用影响。

　　风的磨蚀。与冰川、溪流一样，风通过磨蚀作用进行侵蚀。在干旱地区和一些海滩上，被风扬起的砂砾会切割和打磨裸露的岩石表面。然而，人们通常会夸大磨蚀作用的能力。例如高耸在狭窄基座上的巨大石块、高耸的石峰上精细的纹理，并非风沙磨蚀的结果。由于砂砾被吹起来的高度很少超过 1 米，这限制了风沙磨蚀作用在垂直方向上的影响。尽管如此，在那些风沙侵蚀活动频繁的地区，电线杆的底部甚至可能被风沙切割至断裂。为了防止这种情况，人们有时会在电线杆底部安装保护套圈，以防止电线杆被风沙"锯断"。

风成沉积

　　虽然在大部分侵蚀地貌的形成中，风不是十分重要的因素，但在某些地区，风也创造了一些重要的沉积地貌。在旱地和许多沙质海岸，风成沉积物的堆积尤为明显。风成沉积有两种不同类型：广泛的粉砂盖层（黄土），以悬浮质形式移动；风的推移质形成的沙堆和沙脊，我们称之为沙丘。

　　黄土。在某些地区，地表覆盖着被风吹来的粉砂沉积，被称为黄土。在世界许多黄土发育的地方，这些物质在数千年的时间里通过沙尘暴进行沉积。当黄土被河流或路堑下切破坏时，往往呈现垂直的悬崖，而且缺乏任何可见的分层，如图 2-32 所示。

图 2-32　黄土

在某些地区，地面覆盖了一层被风吹来的粉砂。

资料来源：the James E. Patterson Collection, F. K. Lutgens。

全世界的黄土分布表明，其沉积物有两个主要来源：沙漠和冰川的成层冰碛沉积。地球上最厚、面积最大的黄土沉积位于中国西部和北部。这些粉砂从中亚广阔的沙漠盆地吹来。30米厚的堆积并不罕见，甚至还测量到超过100米的厚度。中国的黄河正是得名于这种细粒、浅黄色的沉积物。

在美国，黄土沉积在很多地区都很明显，包括南达科他州、内布拉斯加州、艾奥瓦州、密苏里州和伊利诺伊州，以及太平洋西北部哥伦比亚高原的一部分。与中国的黄土沉积不同，美国和欧洲的黄土沉积是冰川作用的间接产物，源自成层冰碛沉积。在冰盖消退期间，融水中沉淀下来的物质堵塞了很多河谷。强劲的西风横扫荒芜的河漫滩，带走了较细的沉积物，然后把它们像毯子一样平铺在山谷附近的地区。

沙丘。与流水相似，当风的速度降低，载荷力减小时，风的沉积物载荷就会沉淀下来。因此，当风的移动路径上有障碍物减缓它的运动时，砂就会开始堆积，黄土会像毯子一样覆盖较大面积。与黄土沉积不同，风搬运的砂通常会以沙堆或沙脊的形式沉积，被称为沙丘（见图2-33）。

运动的空气遇到物体，比如一丛植物或一块岩石时，风会从周围和顶部绕过它，在障碍物背面留下一个空气流动速度较慢的风影区，在障碍物正前方也留下一个较小的几乎无风的区域。一些随风跃移的砂砾会在这些风影

风

强风使砂在相对较缓的迎风坡上向上移动

随着砂在沙丘顶峰积累，坡度会变陡，有的砂会沿陡峭的滑落面向下滑动

图 2-33 白沙国家公园

这些地标性沙丘位于新墨西哥州东南部，由石膏构成。沙丘随风缓慢迁移。

资料来源：Michael Collier。

中停下来。随着砂的不断堆积，会形成一个越来越有效的风的屏障，阻挡了更多的沙子。如果有足够的砂源，并且风吹得足够久，这些砂堆就会长成沙丘。

许多沙丘的横剖面都是不对称的，其遮蔽坡，又称背风坡较陡，迎风坡较缓。砂在平缓的迎风坡以跃移的方式向上移动。在越过沙丘顶峰之后，风速降低，砂就堆积起来。随着越来越多的砂聚集，斜坡变陡，最终一些砂会在重力的作用下滑落或坍塌。沙丘的背风坡，也就是所谓的滑落面，保持着一个相对较陡峭的角度。持续的积沙，加上沿滑落面向下的周期性滑动，导致沙丘沿着空气运动的方向缓慢迁移（见图 2-33 ）。

当砂沉积在滑落面上时，会形成向风吹来的方向倾斜的层。这种倾斜的层叫作交错层理（见图 2-34 ）。当沙丘最终被沉积物覆盖并成为沉积岩记录的一部分时，它们的不对称形状会被破坏，但交错层理会被保留下来，成为它们起源的证据。交错层理在犹他州宰恩峡谷的砂岩岩壁中最为显著，如图 2-34 底部所示。

你知道吗？

世界上最高的沙丘位于非洲西南海岸的纳米布沙漠。在这个沙漠的某些地方，分布着高达 300 ～ 350 米的巨大沙丘。科罗拉多州南部大沙丘国家公园的沙丘是北美最高的，高出周围地面 210 米。

你知道吗？

沙漠不一定由一片又一片的移动沙丘组成。事实上，沙子堆积的地表只占沙漠总面积的一小部分。在撒哈拉沙漠，沙丘只占其面积的 1/10。阿拉伯沙漠是所有沙漠中沙含量最高的沙漠，有 1/3 的面积被沙子覆盖。

沙丘通常具有不对称外形，并随风迁移

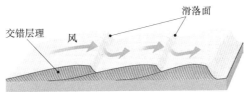

砂粒沉积在角度为休止角的滑落面上，形成了
具有交错层理的沙丘

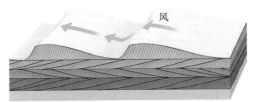

当沙丘被沉积物覆盖并成为沉积岩记录的一部分时，
交错层理被保留了下来

犹他州宰恩国家公园纳瓦霍砂岩的一个显著特征
就是交错层理

图 2-34 交错层理

当砂在滑落面上沉积时，就会形成向风吹来的方向倾斜的层。

随着时间的推移，风向的变化会制造复杂的样式。

资料来源：Dennis Tasa。

要点回顾

Foundations of Earth Science >>>

- 冰川是由积雪的累积、压实和重结晶在陆地上形成的厚重冰体，有证据表明冰川在过去和现在都是流动的。冰川是组成水文循环和岩石循环的一部分。冰川能储存和释放淡水，还能搬运和沉淀大量沉积物。

- 山谷冰川沿着山谷流动，而冰盖是大片被冰雪覆盖的陆地，例如覆盖格陵兰岛和南极洲的大冰盖。在大约 18 000 年前的末次盛冰期，地球被大面积的冰川冰所覆盖。

- 当山谷冰川离开空间有限的山脉区域时，会延伸成宽叶状，被称为山麓冰川。当冰川流入海洋，制造出一层浮冰时，就形成了冰架。冰冠类似小型冰盖。冰盖和冰冠都可能会被注出冰川消耗。

- 当冰受到压力时，它的移动会非常缓慢。冰川最上层的 50 米，没有足够的压力使冰川移动，粗破裂带就会产生被称为冰川裂隙的裂缝。另外，大多数冰川还可以在地面上滑动。

- 快速移动的冰川速度可以到达每年 800 米，而缓慢移动的冰川速度仅有每年 2 米。一些冰川经历着周期性快速移动，即跃动。

- 当冰川收支为正时，冰川的前缘就会推进。当冰川在上部堆积区获得的雪比在下游消冰区损失的雪更多时，就会发生这种情况。如果消耗量超过新冰的输入量，冰川的末端就会后退。

- 冰川通过两种方式获得沉积物：拔蚀和磨蚀。基岩的磨蚀会形成被称为冰川擦痕的沟槽和划痕。山谷冰川产生的侵蚀地貌包括冰川槽、悬谷、冰斗、刀脊、角峰、冰斗湖。

- 所有来自冰川的沉积物都叫作冰碛。冰碛分为两种不同类型：冰碛物和成层冰碛。冰碛物是由冰直接沉积的未经分选的物质，而成层冰碛是由冰川融水分选和沉淀的沉积物。冰川沉积作用形成的最常见的地貌是冰碛，通常以层状或山脊状凸起形态出现。与山谷冰川相关的是沿山谷两侧形成的侧碛，以及两个山谷冰川合并后形成的中碛。终碛标记了冰川前缘的位置，底碛是随着冰面后退沉积下来的起伏的冰碛层，终碛和底碛常见于山谷冰川和冰盖。

- 冰盖最终是由海洋中的水汽提供物质补给。因此，当冰盖增大时，海平面下降；冰盖融化时，海平面上升。冰盖的前进与后退对河道有着显著影响。冰盖和高山冰川像水坝一样截留冰川融水或阻塞河流时，会形成冰前湖。在寒冷潮湿的冰川气候作用下，会形成雨成湖，比如在现在的内华达地区。

- 开始于距今 300 万年至 200 万年某个时间的冰期是一段复杂时期，以冰川的数次前进和消退为特征。主冰期的大部分发生在地质年代表中的第四纪。陆地上的多层冰碛沉积，以及海底沉积物中保存的不间断的气候循环记录，都可以证明冰期发生过数次冰川的前进与消退。

- 干旱气候覆盖了地球上大约 30% 的陆地。这些区域的年降水总量少于通过蒸发造成的损失量。沙漠比草原更加干旱，但是这两种气候类型的特点都是缺水。

- 低纬度的干旱区域与下沉气流和高气压区有关，也就是副热带高压带。中纬度沙漠的存在是由于它们深处大陆内部，远离海洋，高山隔绝了潮湿的海洋气团，为干旱创造了条件。

- 沙漠径流在绝大多数时候是干涸的，它们被称为季节性河流。然而，沙漠中大部分侵蚀作用都来自流动的水。尽管干旱地区的风蚀作用比其他地区的更加显著，但风在沙漠中的主要作用还是对沉积物的搬运和沉积。

- 美国西部盆岭区的特点是具有内陆水系，其中的河流侵蚀隆起的山体，并将碎屑物质搬运到内部盆地沉积。冲积扇、山麓冲积平原、干荒盆地、干盐湖、盐滩和岛山都是与之有关的地貌。科罗拉多高原是一个地势相对平坦的高地，有数百个深邃的峡谷。当由坚硬的砂岩和灰岩组成的高原悬崖后退时，会逐渐形成方山、孤峰和石峰。

- 干旱和稀少的植被能使风力侵蚀的效率更高。吹蚀作用是指风吹起并搬运疏松物质的过程，通常会产生风蚀洼地，也可以通过清除砂和粉砂降低表面。磨蚀作用确实可以切割和打磨地表附近的岩石。然而，人们通常会夸大磨蚀作用的能力。但砂砾被吹起的高度限制了它在垂直方向上的影响。

- 风成沉积有两种不同的类型：一种是呈地毯式广泛分布的粉砂沉积，被称为黄土，它们以悬移质的形式被风搬运；另一种是砂堆和砂脊，被称为沙丘，是由风携带的一部分推移质堆积形成的。

Foundations
of Earth Science

第二部分

岩层和化石，
记录地球历史的
"书页"和"文字"

Foundations
of Earth Science

03

我们如何记录地质历史？

妙趣横生的地球科学课堂

- 现代地质学是如何诞生的？

- 我们如何确定岩石的形成时间？

- 化石揭示了哪些生命的秘密？

- 地球的地质年代表如何建立？

- 放射性定年法为什么如此精确？

- 为什么说野外岩石的观测很重要？

- 为什么前寒武纪时代缺乏细节的记录？

18 世纪，詹姆斯·赫顿（James Hutton）在面对浩瀚的地球历史长河时，意识到了时间在所有地质过程中的重要性。19 世纪，其他科学家有效地证明了地球已经经历多次造山运动和侵蚀事件，而这一切必定经过了很长的地质时间。尽管这些科学先驱知道地球的历史非常古老，但他们不知道地球的真实年龄。地球究竟有多长的历史？是几千万年、几亿年，还是数十亿年？早在地质学家建立以年为单位的地质"历法"之前，他们就利用相对定年法逐渐建立了一套时间标尺。随着放射性的发现和放射性定年法的发展，地质学家现在可以为地球历史中的许多事件确定相当准确的时间。

Q1　现代地质学是如何诞生的？

　　图 3-1 中的徒步者正在大峡谷的边缘休息。今天我们知道，这名徒步者下方的地层有着数亿年的历史。我们还具有足够的知识与技能，完全可以了解这些岩石中蕴藏的复杂故事。这些认识是最近的成果。

人类自诞生以来便与地球的命运紧密相连，因此也对地球的诞生与历史十分好奇。但地球的起源是一个谜，它的历史则需要我们不断地探索和研究，科学家也提出了许多假说和理论。其中，地球的自然本质，即物质组成和形成过程，几个世纪以来一直都是人们研究的焦点。然而，在科学发展的早期阶段，对地球历史的许多解释带有超自然色彩。

图 3-1　思考地质年代

这位徒步旅行者正在大峡谷最上层的凯巴布灰岩上休息。他的下方是数千米的沉积地层，其形成可以追溯至 5.4 亿年前。这些地层位于更古老的沉积岩、变质岩和火成岩之上，有些甚至有 20 亿年的历史。

资料来源：Michael Collier。

灾变论

17 世纪中叶，爱尔兰圣公会阿尔马大主教詹姆斯·厄谢尔（James Ussher）发表了一部影响深远的作品。作为一位受人尊敬的《圣经》学者，厄谢尔构建了一个人类和地球历史的年表，他确定地球只有几千年的历史，认为地球是在公元前 4004 年被创造出来的。厄谢尔的论述赢得了欧洲科学界和宗教界领袖的广泛认可，他的年表很快就被印在了《圣经》的页边空白处。

17 世纪至 18 世纪，灾变论的盛行极大地影响了人们对地球的看法。简而言之，灾变论者认为，地球上变化多样的地貌主要是由大灾难导致的。今天我们知道，像山脉和峡谷这样的地貌，需要很长一段时间才能形成，但在当时被解释为是由不明原因导致的波及全球的突发灾难造成的，并且这种灾难不会再发生。这种观点试图让地球的发展历程与地球年龄不足 6 000 年的主流观念相一致。

现代地质学的诞生

现代地质学始于 18 世纪后期，当时，苏格兰医生、乡绅詹姆斯·赫顿出版了《地球的理论》(*Theory of the Earth*)。赫顿在书中提出了当今地质学的一个基本原则：均变论。它简单地指出，当今人们提出的物理学、化学和生物学定律，在过去的地质年代同样适用。这意味着我们目前观察到的塑造地球的力和过程已经持续很长时间。因此，要了解古代岩石，首先必须了解现今的地质过程及其导致的结果。我们通常用"现在是解读过去的钥匙"这句话来表达这种观点。

赫顿第一次令人信服地提出，看似很弱且作用缓慢的力量，在经过很长一段时间后，能够产生与突发灾难性事件一样重大的影响。与前人不同，赫顿引用了可验证的观测结果来佐证自己的观点。

例如，赫顿提出，山脉是由风化作用和流水作用塑造并最终被夷平的，而其侵蚀物则由可观察到的过程被带入海洋。他说："我们有一系列事实可以清楚地证明，被侵蚀的山产生的物质通过河流被运移。而且，在所有这些过程中，任何步骤都可以被实际感知。"他接着通过设问的方式总结了这些想法："我们还需要什么？只需要时间。"

今天的地质学

如今，均变论的基本原则与在赫顿的时代一样适用。我们比以往任何时候都更加强烈地意识到，现在可以让我们深入了解过去，决定地质过程的物理学、化学和生物学定律随着时间的流逝始终保持不变。然而，我们也明白，不能仅从字面意义上去理解这一学说。我们说过去的地质过程与今天的地质过程是相同的，并不是指这些过程总是具有相同的权重，或以完全相同的速度进行。此外，一些重要的地质过程目前尚无法被观察到，但它们发生的证据已然是确凿的。例如，即使没有人类目击者，我们也知道地球经历过大型陨石的撞击。这些事件改变了地壳，改变了气候，并强烈地影响了地球上的生命。

你知道吗？

事实证明，早期确定地球年龄的尝试是不可靠的。有人认为，如果可以确定沉积物积累的速度以及地球有史以来沉积的沉积岩的总厚度，就可以估计地球的年龄。所需要做的只是用沉积岩总厚度除以沉积岩沉积速度。实际上，这种方法操作起来困难重重。

但是，接受均变论意味着接受地球应该具有悠久的历史。尽管地质过程的强度不同，但它们仍然需要很长时间才能形成或破坏主要的陆地景观。科罗拉多大峡谷就是一个很好的例子（见图 3-1）。岩石记录中包含的证据表明，地球经历了多次造山运动和侵蚀作用的循环。关于在漫长的地质年代中地球不断变化的性质，赫顿曾经在 1788 年发表著名的声明："因此，目前的调查结果是，我们没有发现开始的痕迹，也没有对结束的预期。"

重要的是要记住，尽管数十年来我们观察到的自然景观的许多地貌特征似乎都一成不变，但它们仍在发生变化，只不过时间尺度是数百年、数千年，甚至数百万年。

Q2　我们如何确定岩石的形成时间？

岩石就像一本漫长而复杂的历史书的书页，记录了地质事件，以及过去不断变化的生命形式。但是，这本书并不完整，许多页是缺失的，尤其是前几章的内容，其他的则有残缺、被撕裂或被污染。然而，我们仍然可以通过书中的内容了解大部分故事。

解释地球历史是地质学的主要目标之一。就像现在的侦探一样，地质学家必须解读在岩石中发现的线索。通过研究岩石及其特征，地质学家可以揭示复杂的过去。

然而，地质事件本身没有什么意义，除非将它们置于时序视角下。要研究历史，无论是研究美国南北战争还是恐龙时代，都需要一本日历。地质学对人类知识的主要贡献就是地质年代表和"地球有着悠久的历史"这两个发现。

绝对年代和相对年代

制定地质年代表的地质学家彻底改变了人们看待时间和感知地球的方式。他们意识到，地球比前人想象的要古老得多，并且地球的表面和内部被地质过程不断重塑，这些地质过程至今仍在发挥作用。

绝对年代。 19 世纪末 20 世纪初，人们尝试确定地球的年龄。尽管当时的一些方法看上去似乎很有希望，但事实证明这些早期成果是不可靠的。当时，科学家想确定的是绝对年代。绝对年代特指自事件发生以来已经过去的确切年数。时至今日，放射性定年法使我们能够准确地测定岩石的绝对年代，而那些岩石记录了在遥远的过去发生在地球上的重要事件。本章稍后再介绍这些技术。在放射性定年法出现之前，地质学家没有可靠的方法测定绝对年代，因而只能依靠相对定年法。

相对年代。 当我们按照正确的构造层序排列岩石，即按类似最早、次早、稍晚的形成顺序，分别对应岩石种类时，就是在确定相对年代。相对年代不能告诉我们某个事件已经发生了多久，只能确定一个事件是发生在某个事件之后，或另一个事件之前。科学家发明的相对定年法是有价值的，并且至今仍被广泛使用。绝对定年法并不能替代相对定年法，因此通常与相对定年法结合使用，作为一种补充。为了建立一个相对年代表，过去的地质学家必须发现并应用一些基本原理或规则。尽管今天看来，这些原理似乎显而易见，但在当时，这是思想上的重大突破，其发现是重要的科学成就。

层序叠加原理

　　丹麦解剖学家、地质学家和牧师斯坦诺（Nicolas Steno，1638—1686）被认为是第一位根据出露地表的沉积岩层识别出一系列历史事件的人。当时在意大利西部山区工作的斯坦诺运用了一个非常简单的规则——层序叠加原理，这一原理已成为相对定年法最基本的原理。层序叠加原理简单地指出，在一个未变形的沉积岩序列中，每个岩层都比其上面的岩层老，比其下面的岩层年轻。尽管这一点似乎非常明显，毕竟岩层无法在其下没有任何支撑物的情况下发生沉积，但直到1669 年，这一原理才被斯坦诺清楚地阐明。

　　该原理也适用于其他表面沉积的物质，例如熔岩流和火山喷发产生的火山灰层。通过对科罗拉多大峡谷上部露出的岩层运用叠加原理，我们可以轻松地排出各个岩层的形成顺序。在图 3-2 所示的岩石中，苏佩组的沉积岩最老，其次依次是赫米特页岩、可可尼诺砂岩、托洛维组和凯巴布灰岩。

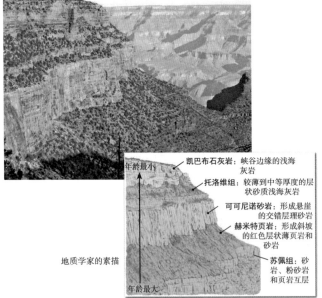

年龄最小　凯巴布石灰岩：峡谷边缘的浅海灰岩
　　　　　托洛维组：较薄到中等厚度的层状砂质浅海灰岩
　　　　　可可尼诺砂岩：形成悬崖的交错层理砂岩
　　　　　赫米特页岩：形成斜坡的红色层状薄页岩和砂岩
地质学家的素描
年龄最大　苏佩组：砂岩、粉砂岩和页岩互层

图 3-2　层序叠加

根据层序叠加原理，在科罗拉多大峡谷上部的这些岩层中，苏佩组的沉积岩是最老的，而凯巴布灰岩则是最新的。

资料来源：Dennis Tasa。

原始水平原理

斯坦诺还因认识到另一基本原理的重要性而备受赞誉,现在它被称为原始水平原理。原始水平原理指出沉积物层通常水平沉积。因此,如果我们观察到的岩石层是平坦的,则意味着它们并未受到干扰,仍然具有原始水平性。图 3-1 和图 3-2 展示的科罗拉多大峡谷中的岩层可以作为例子。相应地,如果岩层以大角度折叠或倾斜,则一定是在沉积后的某个时间点,由于地壳扰动被移动到了现在的位置(见图 3-3)。

图 3-3 原始水平原理

大部分沉积物形成的层处于接近水平的位置。当看到地层发生折叠或倾斜时,我们可以假设它们是在沉积之后由于地壳扰动而被移动到该位置的。

资料来源:Marco Simoni / Robert Harding World Imagery。

侧向连续性原理

侧向连续性原理是指沉积层源于向各个方向延伸的连续层,直至沉积物逐渐转变成不同类型的沉积层，或者因到达沉积盆地的边缘而变薄（见图 3-4a）。例如，当一条河流塑造峡谷时，我们可以假设，峡谷两侧相同或相似的地层曾经横跨峡谷（见图 3-4b）。尽管出露地表的岩石之间可能有相当大的距离，但侧向连续原理告诉我们，这些露出地面的岩层曾经形成了一个连续层。这一原理使地质学家能够将出露地表的孤立岩层中的岩石联系起来。结合侧向连续性原理和层序叠加原理，我们可以将相对年代关系扩展到更广泛的区域。这一过程叫作地层对比，后文会对此进行详细讨论。

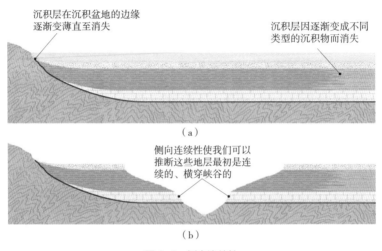

图 3-4　侧向连续性

沉积物以连续的薄层的形式沉积至大片区域。沉积层向各个方向连续延伸，直到在沉积盆地或斜坡边缘变薄，或逐渐变成不同类型的沉积物。

穿切关系原理

图 3-5 展示了一块由于断层而错位的岩石，岩石中产生了裂缝，岩石沿着裂隙产生了位移。显然，岩石比破坏岩石的断层更古老。穿切关系原理指出，一种地质特征，必须发生在被切穿的岩石形成之后。火成岩侵入体提供了另一个例子。图 3-6 所示的岩墙是一块板状的火成岩，它切穿了周围的岩石。来自火成岩侵入体的岩浆通常会使得相邻岩石上形成狭窄的"被烘烤"的接触变质带，这也

表明岩体侵入是在围岩形成之后发生的。

图 3-5 穿切断层

这些岩石比切穿它们的断层更古老。

资料来源：Morley Read/ Alamy Stock Photo。

图 3-6 穿切岩墙

侵入的火成岩比被侵入的岩石年轻。

资料来源：Jonathan. S Kt。

包裹体原理

有时，包裹体也有助于确定相对年代。包裹体是一个岩石单元的碎片，且被另一个岩石单元包裹。包裹体原理是合乎逻辑且显而易见的：提供岩石碎片的岩体必须首先存在，且与包含包裹体的岩体在某种意义上相邻。因此，与提供包裹体的岩体相比，包含包裹体的岩体较为年轻。例如，当岩浆侵入围岩时，围岩块可能会被剥离并进入岩浆。如果这些碎片不熔化，它们将保留为包裹体，也被称为捕虏体（xenoliths）。再比如，当沉积物沉积在风化的基岩上时，风化的岩石块就被包裹进较年轻的沉积层（见图 3-7 ）。

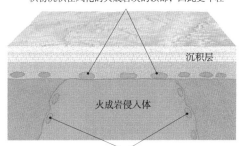

这些包含在相邻沉积层中的火成岩包裹体表明，沉积物沉积在风化的火成岩块的顶部，因此更年轻

沉积层

火成岩侵入体

捕虏体是指岩浆侵入后形成的火成岩侵入体中围岩碎片的包裹体

图 3-7 包裹体

包含包裹体的岩石比被包裹岩石更年轻。

不整合

对基本上没有间断的多层沉积岩层，我们称其为整合地层。出现在特定地点的整合地层代表着特定的地质时间跨度。但是，地球上没有一个地方拥有一套真正完整的整合地层。

纵观地球历史，沉积物的沉积一次又一次中断。岩石记录中的所有此类中断都被称为不整合。不整合所在的层面代表了一段很长的时间：沉积停止，侵蚀作用移除了先前形成的岩石，随后沉积重新开始。无论对于哪种不整合，抬升和侵蚀之后都伴随着沉降并重新沉积。不整合是重要的特征，因为它们代表了地球历史上的重大地质事件。此外，下文介绍的三种不整合的基本类型有助于地质学家确定哪些时间段没有相应的代表地层，从而知晓这些时间段的地质记录已经缺失了。

角度不整合。最容易辨别的不整合或许就是角度不整合。它由倾斜或褶皱的沉积岩组成，这些沉积岩上覆盖着更年轻、更平坦的地层。角度不整合表示在沉积间断期间，有一段时期发生了变形（褶皱或倾斜）和侵蚀（见图3-8）。

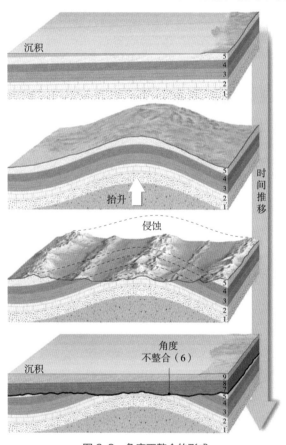

图 3-8　角度不整合的形成

角度不整合代表一段发生变形和侵蚀的较长的时期。

18 世纪 80 年代，当赫顿在苏格兰研究一处角度不整合面时，他清楚地认识到，它代表了地质活动的一个重要阶段（见图 3-9）。他和他的同事深刻认识到这种关系中隐含的巨大时间跨度。一位同伴后来写到他们对这个地区的考察时说："望着相隔如此久的时间深渊，头脑似乎都变得眩晕。"

在不整合面之上是微倾的红色砂岩和砾岩层

角度不整合

地质锤

在不整合面下方是近乎垂直的砂岩和页岩层

图 3-9 苏格兰的西卡角

赫顿在 18 世纪后期研究了这处著名的不整合。

资料来源：Marli Miller。

平行不整合。平行不整合是岩石记录中的一次间断，它代表了一段发生侵蚀而不是沉积的时期。设想一系列沉积在浅海环境中的沉积层。在一段沉积期之后，海平面下降或陆地抬升，露出部分沉积层。在此期间，当沉积层位于海平面以上时，不但没有新的沉积物堆积，反而有一部分现有的沉积层会被侵蚀掉。后来，海平面抬升或陆地沉降，海水淹没了沉积层，沉积物上表面再次低于海平面，因此形成了一系列新的沉积层。两组岩层之间的边界即平行不整合，代表一段没有岩石记录的时期（见图 3-10）。由于此种情况下不整合面的上下两层基本是平行的，这种特征有时很难识别，除非你注意到有侵蚀的迹象，比如被埋藏的河道等。

非整合。非整合是指较年轻的沉积地层覆盖在较老的变质岩或侵入火成岩之上。正如角度不整合和一部分平行不整合一样，非整合也指示着地壳运动。侵入火成岩和变质岩产生自地表以下较深处。因此，要形成非整合面，就必须有一段上覆岩石抬升并受到侵蚀的时期。一旦火成岩或变质岩出露地表，它们就会受到风化和侵蚀作用，就会沉降并被沉积物重新覆盖（见图 3-11）。

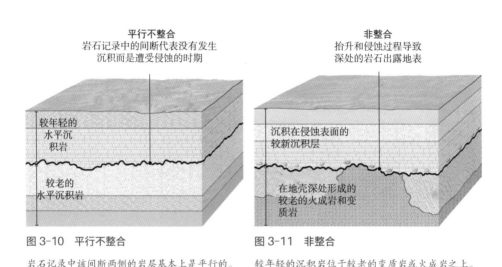

图 3-10　平行不整合

岩石记录中该间断两侧的岩层基本上是平行的。

图 3-11　非整合

较年轻的沉积岩位于较老的变质岩或火成岩之上。

科罗拉多大峡谷中的不整合。科罗拉多大峡谷中出露的岩石记录了时间跨度极大的地质史。因此，这是进行时间穿越旅行的好地方。大峡谷丰富多彩的地层记录了海进、河流与三角洲、潮坪、沙丘等各种环境中的漫长沉积历史，但是这些记录并不是连续的。不整合的存在意味着有大量的时期未被记录在大峡谷的各岩层中。

图 3-12 展示了科罗拉多大峡谷的地质剖面。在峡谷壁上可以看到不整合的三种基本类型。

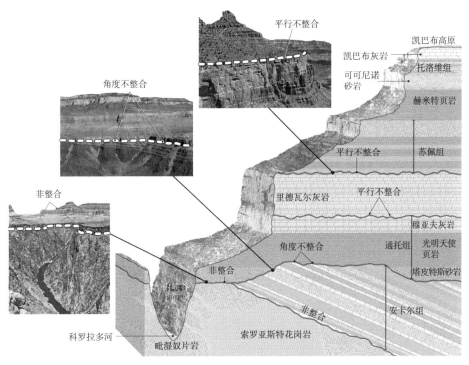

图 3-12　科罗拉多大峡谷的地质剖面

不整合的三种类型都被呈现在图中。

资料来源：Marli Miller。

应用相对定年法

科学家应用相对定年法，将岩石及其所代表的地质历史事件按正确的时间顺序排列。图 3-13 所示的假想地质横剖面提供了一个示例，图中的说明总结了用于解释横剖面的逻辑。

请注意，尽管在这个例子中，我们建立了横剖面区域内岩石和事件的相对时间标尺，但是我们不知道岩石和事件的绝对年代，也不知道这个地区与其他地区相比的情况。

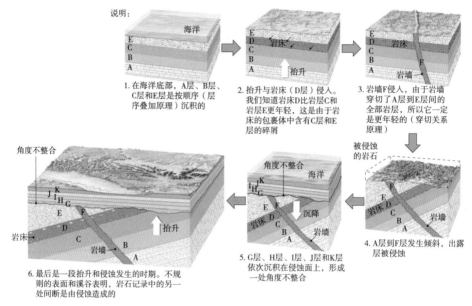

说明：

1. 在海洋底部，A层、B层、C层和E层是按顺序（层序叠加原理）沉积的

2. 抬升与岩床（D层）侵入。我们知道岩床D比岩层C和岩床E更年轻，这是由于岩床的包裹体中含有C层和E层的碎屑

3. 岩墙F侵入，由于岩墙穿切了A层到E层间的全部岩层，所以它一定是更年轻的（穿切关系原理）

4. A层到F层发生倾斜，出露层被侵蚀

5. G层、H层、I层、J层和K层依次沉积在侵蚀面上，形成一处角度不整合

6. 最后是一段抬升和侵蚀发生的时期。不规则的表面和溪谷表明，岩石记录中的另一处间断是由侵蚀造成的

图 3-13　相对定年法的应用

Q3 化石揭示了哪些生命的秘密?

　　化石是史前生命的遗体或遗迹，是沉积物和沉积岩中的重要包裹体。它们是一种解释地质历史的基本且重要的工具。研究化石的学科叫作古生物学。这是一门将地质学和生物学结合在一起的交叉学科，旨在了解在漫长的地质年代中，生命演替的各个方面的知识。了解某一特定时期存在的生命形式的特质，有助于研究人员了解过去的环境条件。此外，化石也是重要的时间指标，在不同地区相似年代岩石的年代比对中起着关键作用。

化石的种类

　　化石的种类繁多。相对年代较近的生物遗骸可能根本没有发生改变。牙齿、骨头和贝壳等物体是常见的例子。有时，由于条件特殊，整个动物（包括血肉）也可被保存下来，当然这种情况极为罕见。在西伯利亚和美国阿拉斯加州的北极苔原中冷冻猛犸象的遗骸就是其中的一个例子，在美国内华达州一个干燥的洞穴中保存的树獭木乃伊遗骸也是一例。在本章中，我们将考虑一些将远古时期的生命证据保存下来的过程。

> **你知道吗？**
>
> 人们经常混淆古生物学和考古学。古生物学家研究化石，关注地质历史上的所有生命形式。相比之下，考古学家关注的是过去人类生活的物质遗迹。这些遗迹既包括很久以前人们使用的物品（文物），也包括与人们居住的地方有关的建筑和其他结构（遗址）。

矿化作用。 当富含矿物质的地下水渗透进骨骼或木材等多孔组织时，矿物质会从溶液中沉淀出来并填满孔隙和空洞，此过程被称为矿化作用。硅化木的形成涉及二氧化硅的矿化作用，而二氧化硅通常来自火山，例如火山周围的火山灰层。木材逐渐转变为燧石，有时由于夹杂着铁或碳等杂质而带有彩色条纹（见图 3-14a）。"硅化"一词的字面意思是"变成石头"。有时，矿化作用会忠实地保留硅化结构的微观细节。

印模化石与铸模化石。 化石的另一类常见类型是印模化石与铸模化石。贝壳或其他类似的甲壳生物被掩埋在沉积物中，然后被地下水溶解时，就会形成印模化石。印模化石忠实地反映了生物的形状和表面纹饰，但不能指示有关其内部结构的任何信息。如果这些中空的部分随后又被矿物质充填，则会产生铸模化石（见图 3-14b）。

碳化与印痕。 碳化过程在保存树叶和脆弱动物的形态方面十分有效。细粒的沉积物包裹住有机体的残骸，就会产生这种现象。随着时间的推移，压力会挤压出有机体中的液体和气体，并留下一层薄薄的碳残留物（见图 3-14c）。在缺氧环境中以富有机质泥形式沉积形成的黑色页岩，通常含有丰富的碳化残体。即使保存在细粒沉积物中的化石的碳膜丢失，其表面的摹痕，即所谓的副本，仍可能展示相当丰富的细节（见图 3-14d）。

琥珀。脆弱的生物（比如昆虫）很难被保存下来，因此在化石记录中相对稀少。它们不仅必须受到保护以防止被腐蚀，而且如果压力过大，它们就会碎裂。琥珀是古树的硬化树脂，保存在其中的昆虫可以保留精致的立体细节。图 3-14E 中的蜘蛛因被困在一滴黏稠的树脂中而得以保存下来。树脂将蜘蛛残骸与大气隔绝，使其不受水和空气的破坏。随着树脂的硬化，一个保护性的耐压外壳得以形成。

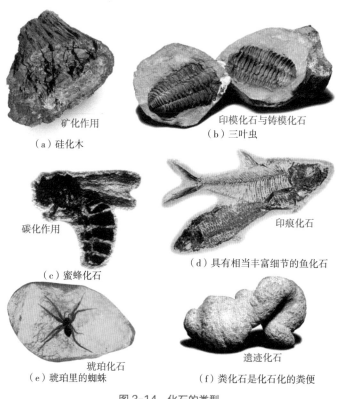

（a）硅化木　矿化作用

（b）三叶虫　印模化石与铸模化石

（c）蜜蜂化石　碳化作用

（d）具有相当丰富细节的鱼化石　印痕化石

（e）琥珀里的蜘蛛　琥珀化石

（f）粪化石是化石化的粪便　遗迹化石

图 3-14　化石的类型

这些只是许多可能性中的一些例子。

资料来源：图（a），Bernhard Edmaier/Science Source；图（c），Florissant Fossil Beds National Monument；图（e），Dorling Kindersley ltd/Alamy Stock Photo。

遗迹化石。除已经提到的类型外，化石还有许多其他类型，其中有些只是史前生物生活的痕迹。这些史前生物存在的间接证据包括：

- **足迹**。动物在后来变成沉积岩的软沉积物中留下的脚印。
- **生物潜穴**。动物在沉积物、木头或岩石中挖出的通道。这些空间随后可能会被矿物质充填并保存下来。一些已知的最古老的化石中就有被认为是虫子留下的生物潜穴。
- **粪化石**。粪便和胃内容物的化石，可以提供有关生物体的大小和饮食习惯的实用信息（见图 3-14F）。
- **胃石**。被高度打磨过的石头，曾被一些已经灭绝的爬行动物吞入体内，用以研磨食物。

有利于保存的条件

在过去的地质时代中，只有一小部分生物作为化石被保存下来。动物或植物的遗体通常会被毁坏。当一个有机体死亡后，它的软体部分通常很快会被食腐动物吃掉，其余部分则由细菌分解。化石形成似乎需要两个特殊条件：在沉积物中快速掩埋和具有坚硬的部分。掩埋可以保护遗体免受地表环境中破坏性过程的影响。此外，动物和植物如果有坚硬的部分，比如骨骼、壳体、牙齿、木质茎或坚硬种子，就有更大的可能性作为化石记录的一部分被保存下来。虽然水母、蠕虫和昆虫等软体动物的痕迹和印记也存在，但并不常见。

由于化石的保存取决于特殊的条件，因此地质历史上的生命记录是有偏差的。生活在沉积地区的具有硬体部分的生物化石记录十分丰富，而大量其他的生命形式极少被发现，因为它们的残骸大多不符合保存所需的特殊条件。

> ○ 你知道吗？ ○
>
> 即使生物体死亡并且组织已腐烂，它们的一些有机化合物也可能在沉积物中留存下来。这些化合物中的一些成分可以抗蚀变，通过分析可以确定这些物质来自何种类型的生物体。这类化石被称为化学化石。

Q4 地球的地质年代表如何建立？

为了建立一个适用于整个地球的地质年代表，我们必须将不同地区年代相似的岩石匹配起来。这样的任务被称为地层对比。把一个地方的岩石与另一个地方的岩石进行地层对比，可以更全面地了解这些地区的地质历史。例如，图3-15展现了美国犹他州南部和亚利桑那州北部科罗拉多高原三个地点的地层对比。没有一个地方展现出完整的层序，但是通过地层对比，我们可以揭示更完整的沉积岩记录。

图 3-15　地层对比

通过匹配科罗拉多高原三个地点的地层，我们可以更全面地了解该地区的沉积岩。

有限范围内的地层对比

在有限的范围内，我们只需沿着出露地表的岩层的边缘行走，即可将一个地点的岩石与另一地点的岩石进行地层对比。然而，当岩石的大部分被土壤和植被掩盖时，这种方法就行不通。距离跨度较小的地层对比通常是通过确定某个层在地层中的位置来实现的，或者，如果某个层含有独特或罕见的矿物，则可以在另外的位置被识别出来。

当要对相距较远的地区或大陆进行年代比对时，地质学家必须依靠化石来实现。

化石与地层对比

人们知道化石的存在已经好几个世纪了，但直到 18 世纪末 19 世纪初，人们才意识到化石作为地质研究工具的重要性。在此期间，英国工程师与运河建设者威廉·史密斯（William Smith）发现，在他所研究的运河地层中，每个岩层都含有不同于上下岩层的化石。此外，他还指出，即使是在相隔很远的地区，也可以根据其沉积层中独特的化石组成来识别并进行岩层对比。

化石演替原理。根据史密斯的经典观测结果和许多地质学家的发现，地史学中最基本和最重要的一个原理便形成了：生物化石以清晰且可确定的顺序依次演替，因此任何年代都可以由它的化石成分来确定。这被称为化石演替原理。换句话说，当化石按照它们的年代排列时，它们并非呈现一幅随机或偶然的图景；相反，化石记录了生命随时间演化的过程。

例如，人们很早就在化石记录中发现了三叶虫（海洋节肢动物）时代。然后，古生物学家发现了鱼类时代、煤炭沼泽时代、爬行动物时代和哺乳动物时代的演替顺序。这些被特别定义的"时代"与在特定地质时期内特别繁荣且具有代表性特征的生物群体紧密相关。在每个"时代"之中，基于某些优势物种又可以细分出很多时期。我们发现，在每个大陆上，优势生物的演替顺序是相同的。

　　标准化石与化石组合。 当人们发现化石可以作为时间指标时，它就成为在不同地区对年龄相似的岩石进行地层对比的最有效方法。地质学家特别关注某些被称为标准化石的化石（见图 3-16）。这些化石分布广泛，并且仅出现在较短的时间跨度之内，因此它们的存在为匹配相同年龄的岩石提供了一种重要方法。但是岩层并不总是包含特定的标准化石。在这种情况下，人们就使用一组化石组合来确定岩石的年代。图 3-17 说明了如何使用化石组合确定岩石的年代，这种方法比使用单一化石更为精确。

图 3-16　标准化石

由于微体化石通常数量丰富、分布广泛、迅速出现并快速灭绝，因此它们是理想的标准化石。这张扫描电子显微镜照片显示了中新世的海洋微体化石（见图 3-24 中的地质年代表）。

资料来源：Biophoto Associates/ Science Source。

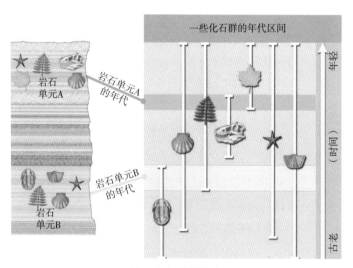

图 3-17　化石组合

年代区间重叠的化石组合比单一的化石更有助于确定岩石的年代。

环境指标。 化石不仅是重要且往往必不可少的进行地层对比的工具,而且是重要的环境指标。虽然可以通过研究沉积岩的性质和特征来推测过去的环境,但是对其中的化石进行仔细检查通常可以获得更多信息。例如,当在灰岩中发现某些蛤蜊壳的残骸时,地质学家就能合理地推测这个地区曾经被一片浅海所覆盖。

> **你知道吗?**
>
> "化石"这个词来自拉丁语 fossilium,意思是"从地下挖出来的"。在中世纪作家的笔下,化石是来自地下的任何石头、矿石或宝石。事实上,许多早期的矿物学书籍被称为化石书籍。化石的现代含义是在18世纪出现的。

而且,根据我们对生物的了解,我们可以得出这样的结论:能够抵抗撞击和汹涌海浪的具有厚壳的化石所代表的动物栖息在海岸线附近。另外,有薄而脆弱的壳体的动物化石,则可能表示这些动物栖息在海洋深处平静的水域中。因此,通过仔细观察化石的类型,可以确定古代海岸线的大致位置。

此外,化石可以用来指示以前的环境温度。现在,某些种类的珊瑚必须生活在温暖的热带浅海海域,比如佛罗里达州和巴哈马群岛。在古代灰岩中发现相似类型的珊瑚,就表明它们也一定生存于类似的海洋环境中。这些例子说明了化石是如何帮助揭示地球历史上的复杂故事的。

Q5　放射性定年法为什么如此精确?

在前文中,我们了解了几种用来确定相对年代的方法,除此之外,我们还可以获得过去的地质事件的绝对年代。

我们知道,地球大约有46亿年的历史,而恐龙在大约6 600万年前就已经灭绝了。我们对原子核变化的理解使得我们能够确定漫长的地质年代,这样巨大的时间跨度通常被称为"深时"。以百万年乃至十亿年为单位的时间,确实极大地拓展了我们的想象力，因为我们的个人日历仅仅包含了以小时、周和年为单位的时间。然而，实际上，地质年代是漫长的，而放射性定年法使我们能够定量地测量它。

回顾原子的基本结构

我们知道，每个原子都有一个原子核，原子核由质子和中子组成，并且被电子环绕。一个电子带一个负电荷，一个质子带一个正电荷。中子不带电荷，是电中性的，但它可以转换为一个带正电荷的质子和一个带负电荷的电子。

一种元素的原子序数（元素的识别号码）等于原子核内质子的数量。不同元素的原子核中有着不同数量的质子，因此原子序数也不同。比如，碳的原子序数为 6，氧的原子序数为 8，铀的原子序数为 92。相同元素的原子总是有相同数量的质子，所以原子序数是相同的。

几乎所有（99.9%）的原子质量都集中在原子核中，这表明电子几乎没有质量。把原子核中的质子数和中子数加起来，就能得到原子的质量数。原子核中的中子数可以变化。这些变体被称为同位素，它们有不同的质量数。例如，铀的原子核中总是有 92 个质子，所以它的原子序数总是 92。但是铀原子的中子数可以不同，铀有 3 个同位素：铀 -234（质子数 + 中子数 = 234）、铀 -235 和铀 -238。这 3 种同位素在自然界中同时存在。它们在化学反应中看起来一样，表现也一样。

原子核的变化

在原子核中，把质子和中子结合在一起的力通常很大。然而，在一些同位素中，原子核是不稳定的，因为把质子和中子结合在一起的力不足以一直维持这种结合。因此，这些原子核会自发地分裂，这一过程叫作核衰变（也称放射性衰变）。随着时间的推移，越来越多不稳定的原子发生衰变，产生了越来越多的稳定同位素。不是所有同位素都是不稳定的，也有稳定的同位素，但这里我们关注的是不稳定的同位素和它们所产生的稳定同位素。

图 3-18 展示了三种对年代测定来说很重要且常见的放射性衰变类型。

- **在 α 衰变过程中**，α 粒子，会从原子核中射出。一个 α 粒子由 2 个质子和 2 个中子组成。因此，α 粒子的发射意味着同位素的质量数减少 4，原子序数减少 2。

- **当电子（通常被称为 β 粒子）从原子核中射出时**，会发生 β 衰变。在这种情况下，同位素的质量数保持不变，因为电子几乎没有质量。然而，由于发射的电子来自不带电荷的中子产生的衰变，因此原子核现在比以前多了一个质子，所以原子序数增加了 1，因此不再是同一种元素了。

- **当一个电子被原子核俘获时**，就会发生电子俘获。电子与质子结合，形成一个新的中子。与 β 衰变一样，在此过程中，原子核的质量数保持不变。然而，由于原子核现在少了一个质子，所以原子序数减少了 1。

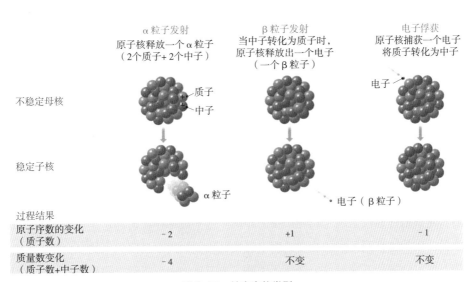

图 3-18 核衰变的类型

注意，在每个例子中，原子核中的质子数（原子序数）都发生变化，从而产生不同的元素。

　　不稳定的放射性同位素被称为母体。母体衰变产生的同位素被称为子体。从母体到子体的路径并不总是直接的。铀-238 是地质年代测定中最重要的同位素之一，它就是一个复杂的例子（见图 3-19）。当放射性母体铀-238（原子序数为 92，质量数为 238）衰变时，它会经历一系列步骤，总共发射 8 个 α 粒子和6 个电子，最后成为稳定的子体铅-206（原子序数为 82，质量数为 206）。

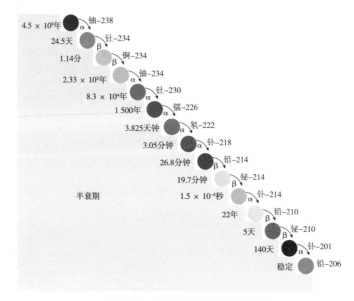

图 3-19　铀-238 的放射性衰变链

铀-238 是放射性衰变序列的一个例子。在得到稳定的最终产物（铅-206）之前，中间步骤会产生许多不同的同位素。

放射性定年法

　　放射性同位素最重要的特性之一是它提供了一种可靠的方法，可以测算出含有特定放射性同位素的岩石和矿物的年龄。这个被称作放射性定年法的过程是可靠的，因为许多同位素的衰变速度已经被精确测量过，且同位素的衰变速度不会因其所处位置的不同而发生变化。因此，自不稳定同位素赋存的矿物晶体形成以来，这些同位素就一直以固定的速度衰变，并且衰变产物一直以相应的速度在晶体中累积。例如，一些矿物能够在其晶格中优先结合铀原子，当这种矿物在岩浆中结晶时，并不含有由先前的衰变产生的铅（衰变的稳定子体）。放射性定年法的"时钟"从此时开始计时。随着这种新形成的矿物中铀的衰变，子体的原子在矿物内积累并被封闭在晶体中，铅的数量最终积累到能够被测量出来的水平。类似地，当长石晶体形成时，其晶格中的一些钾原子是不稳定的同位素钾 -40。这些原子将通过电子俘获的方式以稳定的速度衰变，产生子体氩 -40。随着时间的推移，母体钾越来越少，子体氩越来越多。

半衰期

给定同位素标本中一半的原子核发生衰变需要的时间被称为同位素的半衰期。半衰期是一种表示放射性衰变速度的常用方法。图 3-20 展示了当放射性同位素母体直接衰变为其稳定的子体时的情况。当母体和子体的数量相等（比例为 1：1）时，我们就知道已经过去了一个半衰期。当母体只剩下原来的 1/4，而3/4 衰变为子体时，母体原子与子体原子数量的比是 1：3，此时，我们就知道已经过去了两个半衰期。以此类推，经过 3 个半衰期后，母体原子与子体原子数量的比为 1：7（每 7 个子体原子就有 1 个母体原子）。

如果已知放射性同位素的半衰期，并能确定母体原子数量与子体原子数量的比，就能计算出标本的年龄。例如，假设某个放射性同位素的半衰期是 100 万年，而标本中的母体原子与子体原子数量的比是 1：15。该比例表明已经经过了 4 个半衰期，标本一定有 400 万年的历史了。

请注意，在一个半衰期内衰变的放射性原子的百分比始终是相同的——50%。然而，每个半衰期过去，

> ——◦ 你知道吗？ ◦——
>
> 为了防止放射性定年法产生错误，科学家经常使用交叉检查的方法。就是将一个标本用两种不同的方法进行测定。如果两次定年结果一致，则该结果的可靠性很高；如果发现明显的差异，则必须进行其他交叉检查，以确定哪一项是正确的。

衰变原子的实际数量都在减少。因此，随着放射性母体原子比例的下降，稳定子体原子比例上升，子体原子的增加正好与母体原子的减少相匹配。这一事实是放射性定年法的关键。

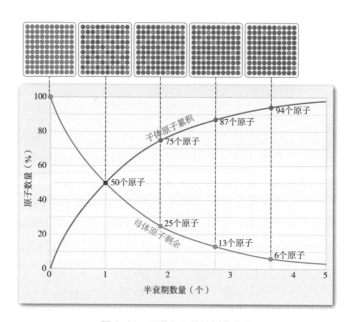

图 3-20 母体与子体比例的变化

母体、子体原子数量的变化是指数级的。经过一个半衰期后，放射性母体剩下 1/2；在第二个半衰期后，放射性母体还剩 1/4，以此类推。

使用不稳定同位素

在自然界中存在的许多放射性同位素中，有 5 种已被证明能够极稳定地用于古老岩石的放射性定年的测量（见表 3-1）。铷 -87、钍 -232 和另外两种被列出的铀同位素一般仅用于测定几百万年前的岩石年龄，而钾 -40 的用途则更广泛。尽管钾 -40 的半衰期是 13 亿年，但分析技术使我们仍可以在一些年龄小于 10 万年的岩石中检测出微量的稳定子体氩 -40。钾被频繁使用的另一个重要原因是钾在许多常见矿物中含量丰富，特别是在云母和长石中。

表 3-1　放射性定年法中常用的放射性同位素

放射性母体	稳定子体	目前采用的半衰期
铀 -238	铅 -206	45 亿年
铀 -235	铅 -207	7.04 亿年
钍 -232	铅 -208	141 亿年
铷 -87	锶 -87	470 亿年
钾 -40	氩 -40	13 亿年

一个复杂的过程。请注意，虽然放射性定年法测年的基本原理很简单，但实际操作相当复杂。确定母体同位素和子体同位素数量的分析必须非常精确。此外，一些放射性物质不会直接衰变成稳定的子体。如图 3-19 所示，铀 -238 在产生第 14 个稳定子体——稳定同位素铅 -206 之前，共产生了 13 个不稳定中间体。

地球上最古老的岩石。放射性定年法已经确定了成千上万个地球历史事件发生的时间。地质学家在所有大陆上都发现了年龄超过 35 亿年的岩石。迄今为止，地球上最古老的岩石可能有长达 42.8 亿年之久的历史。人们在加拿大魁北克省北部的哈德孙湾岸边发现了这些岩石，它们可能是最早的地壳的残余物。格陵兰岛西部岩石的历史为 37 亿年～ 38 亿年。此外，人们在明尼苏达河谷和密歇根州北部（35 亿年～ 37 亿年）、非洲南部（34 亿年～ 35 亿年）和澳大利亚西部（34 亿年～ 36 亿年）也发现了几乎同样古老的岩石。人们在澳大利亚西部较年轻的沉积岩中发现了放射性年龄可达 44 亿年的微小锆石晶体。这些年代久远的微小颗粒的母岩要么已经不复存在，要么还没有被发现。

用碳-14定年

　　放射性同位素碳 -14 被科学家广泛用于测定较近发生的事件的年代（见图 3-21），这种方法通常被称为放射性碳定年法。需要强调的是，碳 -14 只能用于测定有机物质的年代，如木材、木炭、骨骼、肉和布料。因为碳 -14 的半衰期只有 5 730 年，所以放射性碳定年法既可以用来确定人类历史上的事件，也可以用来确定近期发生的地质历史事件。在某些情况下，利用碳 -14 可以确定远至 7 万多年前发生的事件。

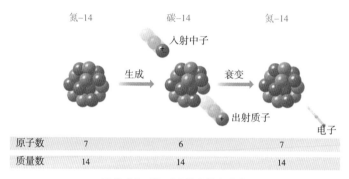

图 3-21　碳 -14 的产生和衰变

这些示意图代表了各原子的原子核。

人们是如何利用放射性同位素碳 -14 进行定年的呢？由于宇宙射线的轰击，高层大气中不断产生碳 -14，也被写作 ^{14}C。宇宙射线是高能粒子，会破坏气体中的原子核，释放中子。一些中子被氮原子（原子序数为 7）吸收，导致它们的原子核发射一个质子。结果，原子核的原子序数减 1，即减少到 6，并生成了一种不同的元素，即碳 -14。这种碳同位素很快进入二氧化碳，而二氧化碳在大气中循环并被生物吸收。结果是，包括你在内的所有生物都含有少量的碳 -14。

当生物体还活着时，不断衰变的放射性碳被持续替换，因此碳 -14 和碳 -12 的比例保持恒定。碳 -12 是碳的稳定且最常见的同位素。然而，当植物或动物死亡后，生物体便不再吸收碳 -14，而生物体中原有的碳 -14 则能继续通过 β 衰变生成氮 -14，结

你知道吗？

用碳 -14 定年对考古学家、历史学家和地质学家都很有用。例如，亚利桑那大学的研究人员使用碳 -14 定年法确定了"死海古卷"的年代，被认为是 20 世纪伟大的考古发现之一。古卷上的羊皮纸年代介于公元前 150 年至公元前 5 年之间。古卷的部分内容也记录了与碳 -14 测量结果相匹配的时间。

03 我们如何记录地质历史？

果是碳−14的数量逐渐减少。通过测量标本中碳−14和碳−12的比例，就可以确定放射性碳标本的年代。

尽管碳−14仅可用于确定地质年代中的最后一小部分，但它已成为人类学家、考古学家、历史学家以及研究地球近期历史的地质学家的宝贵工具。图3-22中的洞穴壁画的绘制年代就是通过放射性碳定年法确定的。事实上，放射性碳定年法十分重要，它的发现者化学家威拉德·弗兰克·利比（Willard F. Libby）因此获得了诺贝尔奖。

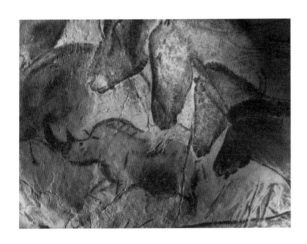

图 3-22　洞穴壁画

法国南部的肖维岩洞。肖维岩洞于1994年被发现，里面有一些已知最早的洞穴壁画。放射性碳定年法表明，大多数壁画是在距今 3.2 万～3 万年前绘制的。

资料来源：Diarmuid/Alamy Stock Photo。

Q6　为什么说野外岩石的观测很重要？

借助一系列检测方法，地质学家已为地质年代表的各个时期确定了相当准确的绝对年代，但这并不是轻而易举的。确定绝对年代的主要问题是，并不是所有岩石都能使用放射性定年法确定年代。要使利用放射性定年法确定的年代有效，岩石中的所有矿物必须大约在同一时间形成。因此，放射性同位素可以用来确定火成岩中的矿物何时结晶，以及压力和热量何时使变质岩中产生新的矿物。

　　然而，沉积岩标本很少能通过放射性定年法直接确定年代。沉积岩可能包含含有放射性同位素的颗粒，但由于组成岩石的颗粒与它们所属的岩石年龄不同，或者说，这些沉积物颗粒是不同年代岩石的风化产物，因此无法准确确定岩石的年龄。

　　从变质岩中获得的放射性年龄也可能难以解释，因为变质岩中某一矿物的年龄不一定代表岩石最初形成的时间。相反，这个日期可能表示许多后续变质阶段中的一个。

　　如果利用放射性定年法无法得到沉积岩标本的可靠年龄，那么该如何确定沉积地层的绝对年代呢？通常，地质学家必须将它们与可定年的火成岩体联系起来（见图 3-23）。在这个例子中，放射性定年法已经确定了莫里森组内的火山灰层以及切割曼柯斯页岩和梅萨维德组的岩墙的年龄。火山灰层以下的沉积层明显比火山灰古老，火山灰层以上的所有层都更年轻（根据层序叠加原理）。岩墙比曼柯斯页岩和梅萨维德组年轻，但比瓦萨奇组古老，因为岩墙没有侵入古近纪的岩石（根据穿切关系原理）。

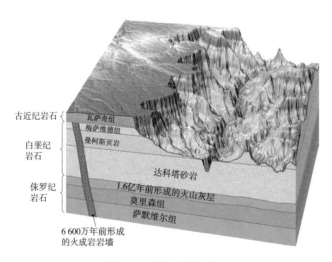

图 3-23　给沉积地层定年

沉积地层的绝对年代通常是通过检查它们与火成岩的关系来确定的。

根据这类证据，地质学家估计，莫里森组的一部分是在大约 1.6 亿年前沉积下来的，正如火山灰层所显示的那样。此外，他们得出结论，瓦萨奇组是在 6 600 万年前的岩墙侵入之后形成的。这是数千个例子中的一个，说明了如何使用可定年的物质来将地球历史中的各种事件限定在特定时间段内。这说明了实验室定年与野外岩石观测相结合的必要性。

Q7 为什么前寒武纪时代缺乏细节的记录？

请注意，大约 5.41 亿年前（寒武纪开始的时间）的地质年代表缺乏细节。寒武纪之前的 40 亿年被分为太古宙和元古宙两个宙，这两个宙又被分为 7 个代。对于这漫长的时间长河，简单地将其称为前寒武纪也是很寻常的。尽管它构成了地球前 88% 的历史，但前寒武纪并没有像显生宙那样被划分成许多更小的时间单位。如果下次有人问你："为什么时间跨度如此巨大的前寒武纪没有被划分成许多代、纪和世呢？"你可以告诉他，因为前寒武纪的历史没有足够的细节。

为了能对地质历史进行统一的划分，有利于地质学家进一步研究与交流，使大家在叙述地质历史时有一种共同的语言，有一个全球性的标准，对地质历史时期有一个时间概念，地质学家把整个地质历史分成了不同大小的单位，它们共同构成了地球历史的地质年代时间标尺，被称作地质年代表（见图 3-24）。地质年代表的主要单位大多是由欧洲科学家在 19 世纪确立的。由于当时还没有放射性定年法，整个年代表都是用相对定年法确立的。直到 20 世纪放射性定年法出现后，绝对年代才得以加入地质年代表。

地质年代表的结构

地质年代表把地球约 46 亿年的历史分成许多不同的单元，并提供了一个有意义的时间框架，过去的地质事件被放进这个时间框架。如图 3-24 所示，宙表示最大的时间范围。始于 5.41 亿年前的宙是显生宙，Phanerozoic（显生宙）一词源于希腊文，意为"可见的生命"。这是一种恰当的描述，因为显生宙的岩石和沉积物中含有大量的化石，记录了当时主要的生物演化趋势。

宙被划分为不同的代。显生宙内的三个代是古生代（远古生命）、中生代（中期生命）和新生代（近代生命）。正如这些名字所暗示的，这些代的划分依据是生命形式在世界范围内发生了巨大的变化。

显生宙的每个代都被划分为若干个纪。古生代有 7 个，中生代和新生代各有 3 个。与代相比，纪的生命形式发生了影响不那么深远的变化。

每个纪都被划分为更小的单位——世。新生代包含 7 个世。然而，其他时期的各个世通常没有特定的名称（见图 3-24）。人们通常用"早期""中期""晚期"这些术语描述这些早期纪中的世。

与地质年代表相关的术语

有些术语与地质年代表有关，但没有被正式承认。最著名和最常见的例子是前寒武纪，它是在显生宙之前的宙的非正式名称。虽然"前寒武纪"一词在地质年代表上没有确切的位置，但它在历史上一直被广泛使用。

"冥古宙"是另一个非正式术语，可以在某些版本的地质年代表中找到，并被一些地质学家使用。它指的是地球历史上最古老的岩石出现之前的最早时期。当这个词在 1972 年被创造出来的时候，地球上最古老的岩石的年龄被认为是大约 38 亿年。今天，这一数字略大于 40 亿，当然，还有待修订。

代	纪	世	距今（百万年）
新生代	第四纪	全新世	0.01
		更新世	2.6
	第三纪 新近纪	上新世	5.3
		中新世	23.0
	古近纪	渐新世	33.9
		始新世	56.0
		古新世	66
中生代	白垩纪		145
	侏罗纪		201.3
	三叠纪		251.9
古生代	二叠纪		298.9
	石炭纪 宾夕法尼亚纪		323.2
	密西西比纪		358.9
	泥盆纪		419.2
	志留纪		443.8
	奥陶纪		485.4
	寒武纪		541
前寒武纪			

宙	代	距今（百万年）
显生宙	新生代	66.0
	中生代	251.9
	古生代	541
前寒武纪（占地质时间的88%） 元古宙	新元古代	1 000
	中元古代	1 600
	古元古代	2 500
太古宙	新太古代	2 800
	中太古代	3 200
	古太古代	3 600
	始太古代	约4 000
冥古宙		约4 600

图 3-24 地质年代表

地质年代表将约46亿年的地球历史分为宙、纪、代和世。年代表上的数字代表以百万年为单位的距今时间。前寒武纪占地质时间的88%以上。数字日期是在使用相对定年法建立地质年代表很久之后才被添加进来的。

在地球科学中，要想实现有效交流，地质年代表应由标准化的名称划分和年代组成。那么由谁来确定地质年代表中的官方名称和年代呢？负责维护和更新这一重要文件的是国际地层委员会[1]，它是国际地质科学联合会的一个委员会。地球科学的发展要求定期更新年代表，以涵盖最新的单位名称和对分界年代估计值的修改。例如，图 3-24 所示的地质年代表更新于 2017 年。

如果去看几年前的地质年代表，你很可能会看到新生代被分为第三纪和第四纪。但是，在较新的版本中，以前划定为第三纪的部分被分为古近纪和新近纪。随着我们对这个时间跨度的理解发生变化，它在地质年代表上的名称也发生了变化。今天，第三纪被认为是"历史性"的名称，并且在国际地层委员会版本的地质年代表中没有任何正式地位。尽管如此，许多地质年代表仍然包含第三纪，包括图 3-24。造成这种情况的一个原因是，大量过去（和现在）的地质学文献使用了这个名称。

对于那些研究地史学的人，重要的是要认识到，地质年代表是一个动态的工具，随着我们对地球历史的知识和理解的发展，它在不断地被完善。

---

[1] 要查看国际地层委员会地质年代表的当前版本，请访问该委员会的官网。地层学是研究岩层和分层的地质学分支学科，它的主要研究对象是沉积岩和层状火山岩。

要点回顾

Foundations of Earth Science >>>

- 早期关于地球的观点大多基于宗教传统和灾变论的观念。18 世纪晚期，詹姆斯·赫顿强调，相同而缓慢的过程在很大的时间跨度内持续起作用，这是地球上岩石、山脉和地貌形成的原因。该理论强调，在很长一段时间内的过程具有相似性，因此被称为均变论。

- 地质学家用来解释地球历史的两种年代是相对年代和绝对年代。相对年代将事件按其正确的发生顺序排列。绝对年代指某一事件发生的具体年份。利用层序叠加原理、原始水平原理、穿切关系原理和包裹体原理等，可以确定相对年代。在应用相对定年法过程中，我们可能会发现地质记录中的不整合面和间断。

- 化石是古代生命的遗体或遗迹。古生物学是研究化石的学科。化石可以通过许多过程形成。要想把有机体作为化石保存下来，通常需要迅速掩埋。此外，由于软组织在大多数情况下会迅速分解，所以有机体的坚硬部分最有可能被保存下来。

- 将年代相同但裸露在不同地区的岩石进行匹配，叫作地层对比。通过对世界各地的岩石进行地层对比，地质学家制成了地质年代表，使人们对地球历史有了更全面的认识。利用岩石独特的化石组成，应用化石演替原理，可将广泛分布的不同地区的沉积岩进行地层对比。这一原理指出，有机体化石以一定且可确定的顺序相继出现，因此，可以通过检查其化石成分来确定一个时期。

- 标准化石对进行地层对比非常有用，因为它们分布广泛，而且时间跨度相对较小。一组范围重叠的化石组合可用于确定包含多种化石的岩层的年龄。化石可以用来确定沉积物沉积时存在的古代环境条件。

- 不稳定的放射性同位素被称为母体，会衰变并形成子体。放射性同位素的一半原子核衰变所需的时间被称为同位素的半衰期。如果已知某一同位素的半衰期，并能测量其母体与子体的原子数量的比值，就能计算出标本的年龄。

- 由于沉积地层是由其他岩石风化后产生的物质构成的，因此通常不能用放射性定年法直接测定其年代。沉积岩中的某些颗粒来自一些较老的源岩。如果用同位素来确定颗粒的年代，我们会得到源岩的年代，而不是沉积岩的年代。地质学家确定沉积岩绝对年代的一种方法是使用相对定年法，将它们与可确定年代的火成岩体（如岩脉和火山灰层）联系起来。某个地层可能比其中一个火成岩体更古老，但比另一个更年轻。

- 地球历史在地质年代表上被划分为不同的时间单位。宙被划分为多个代，每个代都包含多个纪。有的纪被划分为多个世。前寒武纪包括太古宙和元古宙，其后是显生宙。显生宙有大量的化石证据，并且可以被分为许多更小的时间单位。

Foundations
of Earth Science

第三部分

潮涨潮落,
永不停歇的海洋

Foundations

of Earth Science

04

海洋为什么是最后的处女地?

妙趣横生的地球科学课堂

- 海洋究竟有多深?

- 海水会越来越咸吗?

- 海水都是越深越冷吗?

- 我们怎样才能看到海底的真实面貌?

- 从海岸线向深海走，景色一样吗?

- 最深的海沟底部有什么?

- 为什么海底能出产地球 60% 的岩浆?

- 海洋能告诉我们哪些气候秘密?

　　地球有多少地方被海洋覆盖？纯水和海水有什么区别？海洋到底有多深？海洋占地球表面积多大比例？海底到底是什么样子的？关于海洋及其所处盆地的问题，有时很难回答，无法给出确切的答案。假设排空海洋中所有的水，我们会看到什么？平原、山脉、峡谷，还是高原？实际上，海洋中的地形不止这些。那些覆盖海底的沉积物"地毯"来自哪里？我们通过研究它们能知道什么？这些问题的答案都在本章中。

Q1　海洋究竟有多深？

　　我们经常称地球为"水行星""蓝色行星"，对于这两个别称，有一个极佳的解释：地表约 71% 的面积都被海洋覆盖（见图 1-7a）。作为太阳系中唯一存在海洋的行星，海洋是地球这颗蔚蓝星球的主要组成部分，也是生命的摇篮，它不仅为地球提供了生命支持系统，也对地球的气候和环境有着重要的影响，在地球整个生态系统中起着关键作用。

　　如果要更好地了解地球，我们就要深入海洋的世界。在本章和后文中，我们将走进海洋学，通过这门跨学科科学，利用地质学、化学、物理学和生物学的方法和知识，研究海洋的方方面面。

海洋地理

地表面积约为 5.1 亿平方千米。其中约 3.6 亿平方千米，即约 71% 的面积，被海洋和边缘海占据。边缘海是指大洋边缘的海，如地中海和加勒比海。大陆和岛屿约占其余面积的 29%，即 1.5 亿平方千米。

当我们研究世界地图或地球仪时（见图 4-1），很容易就能发现北半球和南半球的大陆和海洋的分布并不均匀。北半球的表面约 61% 被水覆盖，约 39% 是陆地；在南半球，其表面近 81% 是水，只有约 19% 是陆地。因此，北半球常被称为陆半球，南半球被称为水半球。

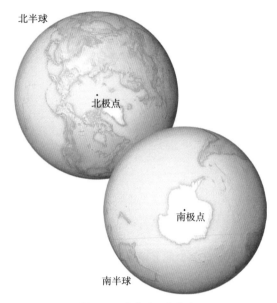

图 4-1　北半球与南半球

这两个地球视图显示了南北半球的陆地和水体分布不均的情况。南半球约 81% 的面积被海洋覆盖，比北半球多 20%。

图 4-2a 展现了南北半球陆地和海洋的分布。在北纬 45° 到北纬 70° 之间，陆地比海洋更多，而在南纬 40° 到南纬 65° 之间，情况正相反：那里几乎没有能够影响海洋环流和大气环流的陆地。

世界大洋可分为 4 个主要洋盆，如图 4-2b 所示。

· 太平洋是地球上最大的海洋且地理特征单一，占地表总面积的 1/3 以上，占地球海洋面积的一半以上。实际上，太平洋大到可以容纳所有大陆，甚至还有富余的空间。太平洋还是世界上最深的海洋，平均深度为 3 940 米。

· 大西洋大约有太平洋的一半大小，没有太平洋那么深。与太平洋相比，它相对狭窄，并且被几乎平行的大陆边缘包围。

· 印度洋比大西洋略小，但平均深度大致相同。与太平洋和大西洋不同，印度
  洋的很大一部分属于南半球水体。

· 北冰洋环绕着北极，面积约为太平洋面积的 7%，深度大约只有其他海洋的
  1/4 多一点。

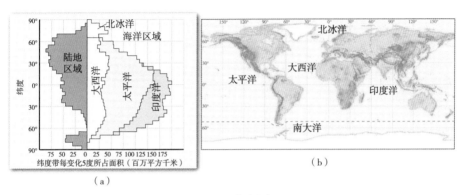

（a）

图 4-2　水陆分布

图（a），图表显示了按以每隔 5° 纬度带划分的陆地和海洋的面积。图（b），提供了一个更熟悉的视图。

　　一些科学家还承认南半球的南极洲大陆附近也存在一片海洋，其边界是南极
附近辐合的洋流，被称为南大洋或南极海。实际上，这指的是太平洋、大西洋和
印度洋在南纬 50° 以南的区域。

比较大陆和大洋

　　大陆和洋盆的一个主要区别是它们
的相对高程不同。海平面以上的大陆的
平均海拔约为 840 米，而海洋的平均深度
为 3 729 米，是大陆平均海拔的近 4.5 倍。
海水的体积总量极大，如果地球的表面
完全平整并呈球形，使得海洋可覆盖整
个地表，那么其平均深度可超过 2 000 米。

> 你知道吗？
>
> 　　白令海是太平洋最北端的
> 边缘海，通过白令海峡与北冰
> 洋相连。阿留申群岛有效地切
> 断了该水体与太平洋的联系，
> 它是由与太平洋板块向北俯冲
> 相关的火山活动形成的。

Q2　海水会越来越咸吗?

　　纯水和海水有什么区别? 其中一个最明显的区别是海水中含有溶解物质,并且不只包含氯化钠(食盐),还包括各种其他盐、金属元素,甚至溶解气体。实际上,每种已知的自然元素都或多或少溶解在海水中。可惜,海水的含盐量使其不适合饮用或灌溉大多数农作物,并且海水对许多材料具有高度腐蚀性。尽管如此,海洋中许多地方仍生存着适应了海洋环境的生命。从微小的细菌和藻类到现今已知的最大的生物(蓝鲸),都生活在海洋中,同时我们自身体液的化学组成与海水的化学组成非常相似。

盐度

　　海水中溶解的矿物质被统称为"盐",这些矿物质在海水中的占比约为 3.5%。尽管这一数字看起来较小,但因为海洋的质量非常大,所以这些物质的总量也是巨大的。

　　盐度用于衡量溶解在水中的固体物质的总质量。具体来说,它是溶解在水中的矿物质的质量与水样质量的比值。通常,许多含量都以百分比(%)表示,但由于海水中溶解物质的比例非常小,因此海洋学家通常以千分比(‰)表示盐度。海水的平均盐度为 3.5%,即 35‰。

　　图 4-3 显示了影响海洋盐度的主要因素。如果要制作人造海水,可以按照表 4-1 所示的配方进行:将表中原料混合,然后注入纯水,形成 1 000 克溶液。从该表可以看出,氯化钠(食盐)是海水的主要成分。氯化钠和其后 4 种含量

> **你知道吗?**
>
> 　　因为海洋如此辽阔,虽然海水中溶解物质的比例看起来很小,但实际质量很大。根据美国地质调查局的数据,如果海洋中的所有盐都能被提取并均匀地铺在地表上,那么它将形成一层超过 165 米厚的盐层,大约相当于 40 层大楼的高度。

最丰富的盐构成了海洋中 99% 以上的溶解物质。尽管这 5 种最丰富的盐仅由 7 种元素组成，但海水中其他成分包含了地球上所有其他自然存在的元素。尽管元素含量极低，但其中许多元素对于维持海洋生物赖以生存的化学环境来说非常重要。

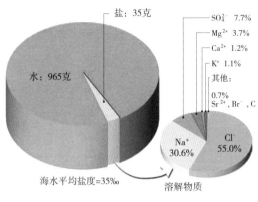

图 4-3　海水的组成

该图表显示了 1 000 g 典型海水标本中水和溶解物质的相对比例。

表 4-1　人工海水成分含量

原料	质量 / 克
氯化钠（NaCl）	23.48
氯化镁（MgCl₂）	4.98
硫酸钠（Na₂SO₄）	3.92
氯化钙（CaCl₂）	1.10
氯化钾（KCl）	0.66
碳酸氢钠（NaHCO₃）	0.192
溴化钾（KBr）	0.096
硼酸（H₃BO₃）	0.026
氯化锶（SrCl₂）	0.024
氟化钠（NaF）	0.003

把这些原料混合在一起然后加入纯水（H_2O）以形成 1 000 克溶液。

海盐的来源

海洋中溶解的大量物质的主要来源是什么？第一大主要来源是大陆上化学风化的岩石。这些溶解物质以每年超过 25 亿吨的速度通过河流输送到海洋。第二大主要来源是地球内部。在大部分地质年代中，大量的水和溶解气体通过火山爆发被释放出来。这一过程被称为脱气，是海洋和大气圈中水的主要来源。某些元素（特别是氯、溴、硫和硼）与水一起排出，因此它们在海洋中存在的丰度远远超过仅靠大陆岩石风化所能产生的量。

———— 你知道吗? ————

约 4.2 立方千米的海水可能含有多达 11 千克金。虽然这听起来是一个相当大的数字，但事实并非如此。因为这种体量的水太大了，在每百万份海水中，仅有 0.000 005 份金（0.000 005ppm 或 5×10^{-6} ppm）。

尽管河流和火山活动不断为海洋提供着可溶解物质，但海水的盐度并没有增加。实际上，有证据表明，数百万年来，海水的组成一直保持着相对稳定。为什么海水不会变得更咸呢？因为物质被去除的速度和被添加的速度相同。例如，生物可以将一些海水中的溶解物质提取出来，利用它们建造自己身体的坚硬部分；一些会在发生化学反应后成为沉积物从水中去除；还有一些是通过在洋脊处的水热活动被交换出去的。最终结果就是，随着时间的推移，海水的整体组成成分保持相对恒定。

影响海水盐度的过程

由于海洋是均匀混合的溶液，无论在何处取样，海水中主要成分的相对丰度基本是恒定的。因此，海水盐度的变化主要取决于溶液含水量的变化，从而影响盐度。

雨雪、河流汇入以及冰山和海冰的融化等各种地表过程，都可以向海水中添加大量淡水，从而降低海水盐度。另外，蒸发与海冰的形成也能够从海水中去除大量淡水从而增加海水的盐度。例如，在蒸发率较高的地区，可以发现海水盐度高，比如在干燥的亚热带地区（大约在北纬25°至35°或南纬25°至35°之间）。相反，如果大量降水稀释了海水，如在中纬度地区（北纬35°至60°或南纬35°至60°之间）和赤道附近，海水盐度较低（见图4-4）。

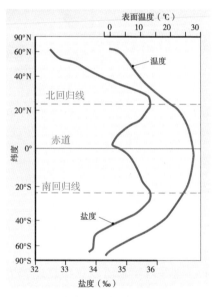

图 4-4　海洋表面温度和盐度随纬度的变化

赤道附近的海洋平均表面温度最高，海水表面温度由赤道向两极的方向逐渐降低。降水量和蒸发率的变化是影响海洋盐度的重要因素。例如，在南、北回归线附近干燥的亚热带地区，高蒸发率带走的水分比微弱的降水带来的水分要多，这导致这些地方海洋的表面盐度较高。在较为湿润的赤道地区，充足的降水降低了海洋的表面盐度。

公海的表面盐度通常为 33‰ ～ 38‰。然而，一些边缘海可能会表现出异常的极端情况。例如，在蒸发量远远超过降水量的波斯湾和红海的有限水域，盐度可能超过 42‰。相反，在河流和降水提供大量淡水的地方，盐度非常低。北欧的波罗的海就是这样，那里的盐度通常低于 10‰。

图 4-5 所示地图是根据"宝瓶座"（Aquarius）卫星提供的数据绘制的。它显示了海洋表面盐度在世界范围内的变化。请注意，地图上盐度的总体分布与图 4-4 中的曲线是相匹配的。另外，还要注意以下几点：

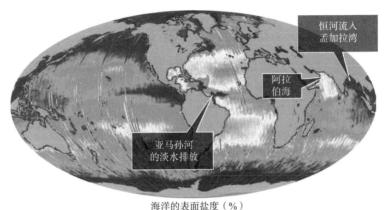

海洋的表面盐度（%）

30　32　33　　34　34.5　35　35.5　36　　37　38　40
占总量的千分比（‰）

图 4-5　海洋的表面盐度

这张地图显示了 2012 年 9 月全球海洋的平均表面盐度。它是根据"宝瓶座"卫星的数据绘制的。

· 大西洋的盐度最高，某些区域的盐度超过了 37‰。这是因为与其他海洋相比，大西洋经历的蒸发作用导致淡水损失更为显著，而与此同时，降水和径流带来的淡水补给却相对较少，造成了这种不平衡的状态。
· 亚马孙河排放的大量淡水在南美洲东北海岸的西大西洋区域产生了一个低盐度海水区。
· 将孟加拉湾的盐度与阿拉伯海的盐度进行比较，可以说明从河流流出的淡水对表面盐度的影响。恒河排出的淡水导致孟加拉湾的表面盐度低于阿拉伯海的表面盐度。

极地水域的海冰与全球气候变化。由于海冰的形成和融化，极地海洋的表面盐度随季节变化。在冬季海水结冰时，海盐不会成为冰的一部分，因此，剩余海水的盐度增高；在夏季海冰融化时，更多的淡水加入海洋，稀释了溶液，使得盐度降低（见图 4-6）。

多个气候模型得出的普遍结论是，全球气候变暖最强烈的信号之一应该是北极海冰的减少。图 4-6b 显示了夏季海冰平均最小覆盖范围正在缩减。冬季海冰最大覆盖面积也在缩小。此外，现存的海冰正变得越来越薄，变得更容易融化。最符合历史趋势的模型预测表明，到 21 世纪 30 年代，北极海域可能在夏末几乎不结冰，船只能够通过北极地区，在大西洋和太平洋之间自由航行。

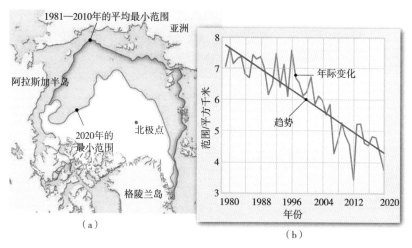

图 4-6　跟踪海冰变化

海冰是冰冻的海水。海冰的形成和融化影响着海洋的表面盐度。冬天，北冰洋几乎完全被冰覆盖；夏天，一部分海冰融化。图（a）显示了 2020 年 9 月海冰的范围，并与 1981—2010 年的海冰平均最小范围进行了对比。图（b）清楚地描绘了夏季结束时海冰覆盖区域的变化趋势。一般认为这种下降趋势与全球气候变暖有关。

资料来源：National Snow and Ice Data Center。

人类活动与海洋酸度的上升

人类活动正在改变着地球的生态环境，特别是燃烧化石燃料和砍伐森林，使得近几十年来大气中的二氧化碳越来越多。这种大气组成的变化与全球气候变暖有重要的因果关系，同时，大气中二氧化碳含量的上升也对海洋的化学组成和海洋生物造成了严重的影响。

人类活动产生的二氧化碳有近一半最终溶解在海洋中。当来自大气的

> ──○ 你知道吗？
>
> 世界上一些最咸的水体是在干旱地区发现的，那里有的内陆湖泊被称为"海"。例如犹他州的大盐湖，其盐度为280‰，而位于以色列和约旦边界处的死海盐度竟然达到了330‰。因此，死海中的湖水含有 33% 的可溶解物，其含盐量几乎是其他海水的 10 倍。因此，这些水域的密度非常大，浮力非常强，当你躺在水中时，身体会浮在水面上。

二氧化碳溶于海水时，就形成了碳酸，从而降低了海洋的 pH（见图 4-7）。实际上，自工业化时代以来，海洋已经吸收了足够的二氧化碳，使表层水的 pH 下降了 0.1，这意味着海水的酸度进一步增强。此外，如果目前人类排放二氧化碳的趋势持续下去，到 2100 年，海洋的 pH 将下降至少 0.3，这将会导致数百万年以来从未发生过的海水化学性质的变化。

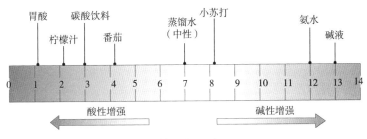

图 4-7   pH

这是衡量溶液酸碱程度的常用标度。标度范围为 0 ～ 14，7 表示中性。低于 7 越多表示酸性越强，而高于 7 越多则表示碱性越强。需要注意的是，pH 是用对数表示的；也就是说，每增加 1 表示 10 倍的差异。因此，pH=4 的酸度是 pH=5 的 10 倍，是 pH=6 的 100 倍。

　　这种海洋酸化的转变以及由此产生的海水化学性质的改变，将使某些海洋生物更加难以用碳酸钙建造躯体的坚硬部分。因此，pH 的下降会威胁到各种具有碳酸钙壳体的生物体，如微生物和珊瑚。海洋科学家十分担忧，因为这将会进一步影响其他生物的健康和生存，以及所有海洋生物的多样性。

Q3　海水都是越深越冷吗？

　　海水除了盐度会随着不同区域而不同外，温度和密度也会有所不同。在开阔海洋从表层到海底的取样表明，这些基本性质随深度的变化而变化，而且各地的变化情况并不一样。值得注意的是，温度和密度是影响深海环流以及海洋生命分布和类型的海水基本性质。海水的温度和密度为什么会随深度变化而变化，这是本节的讨论重点。

温度变化

　　表层水受到太阳的加热，因此温度通常比较深的水域高。热带地区的表层水温度也较高，而且向两极逐渐变冷。图 4-8 展示了两幅温度与深度的关系图：左侧图是高纬度水域的情况，右侧图是低纬度水域的情况。低纬度水域的曲线显示，海洋表面的温度较高，但因为太阳光无法穿透海洋深处，所以温度随着深度增加迅速降低。在大约 1 000 米的深处，温度仅比冰点高几度，从这一深度开始到海底，温度几乎保持不变。

　　在 300～1 000 米的海水层，温度随深度变化而快速变化，被称为温跃层。温跃层非常重要，因为它抑制了温暖的表层水和下面更冷、密度更大的水层的混合。图 4-8 中的高纬度曲线则显示了一种完全不同的模式。高纬度水域的表层水温度比低纬度水域要低得多。在海洋的更深处，水温与海洋表面温度相似。因此，从表层到海底，海水温度几乎相同，仅比冰点高几度，曲线保持垂直，温度随深度增加变化不大。换句话说，这里没有温跃层，换句话说，水是近似等温的。

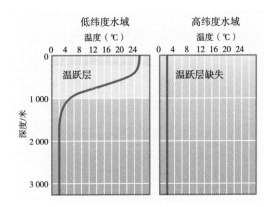

图 4-8　低纬度和高纬度水域海水温度随深度的变化

高纬度水域不存在温度快速变化的温跃层。

中纬度水域展现出一种中间模式，出现季节性的剧烈变化。在夏季，会形成一个强大的温跃层；而冬季由于表层水变冷，温跃层消失，温度曲线变成高纬度模式。一些高纬度水域的表层在夏季可能会出现轻微的变暖，因此某些高纬度水域也会形成非常弱的夏季温跃层。

密度变化

密度被定义为单位体积的质量，可以衡量某物体在一定体积时有多重。例如，一个低密度的物体就同体积而言是轻的，如干海绵；相反，一个高密度的物体就同体积而言是重的，如水泥和许多金属。

密度是海水的重要性质之一，因为它决定了水层在海洋中的垂直位置。此外，密度差异会导致大面积的海水下沉或漂浮。例如，当高密度海水混合到低密度淡水中时，海水会下沉到淡水下面。

影响海水密度的因素。海水密度受两个因素的影响：盐度和温度。盐度升高代表溶解物质增加，从而使海水密度增加。死海的海水盐度极高，人可以轻松地漂浮在水面上（见图4-9）。此外，温度升高会使水膨胀，导致海水密度降低。这种一个变量由于另一个变量的增加而减小的关系被称为反比关系，即一个变量与另一个变量成反比。

温度对表层水密度的影响最大，其原因在于对于表层水，温度的变化大于盐度的变化。实际上，只有在海洋的极端寒冷区域，温度较低并保持相对稳定，盐度才会对其密度产生显著的影响，所以具有高盐度的冷海水是世界上密度最高的海水。

影响海水密度的因素。通过对海水的广泛取样，海洋学家绘制出了温度和盐度（以及由此确定的海水密度）随深度变化的关系图。图4-10展示了两幅密度与深度的关系图：右侧图为高纬度水域的情况，左侧图为低纬度水域的情况。

图 4-9 死海

这种水体的盐度为330‰（几乎是海水平均盐度的10倍），密度较高。因此，它可以产生较大的浮力，人可以很轻松地漂浮在水面上。

资料来源：Peter Guttman/Getty Images。

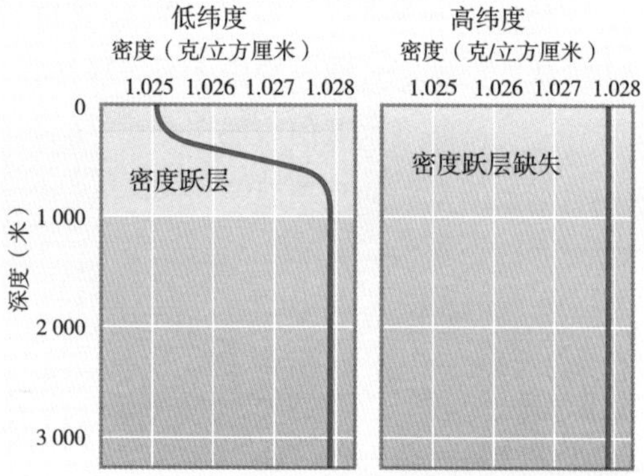

图 4-10 低纬度和高纬度水域海水密度随深度的变化

在低纬度水域存在密度快速变化的海水层，被称为密度跃层，而在高纬度水域则不存在。

低纬度水域的曲线显示，表层海水密度低是因为它们温度较高。然而，由于水温随深度增加越来越低，海水密度随着深度的增加迅速增大。在大约1 000米的水深处，低温海水的密度达到了最大值，从该深度到海底，密度保持不变或极缓慢地增大。在300～1 000米之间，密度随深度迅速变化的层被称为密度跃层。密度跃层是上方低密度水体与下方高密度水体混合时的重要障碍。

正如你看到的那样，图4-10中的高纬度密度曲线与图4-9所示的高纬度温度曲线有相似性。在高纬度水域，从表层到海底，海水都具有低温和高密度的特点。因此，高纬度的密度曲线几乎保持垂直，密度基本不随深度变化而迅速变化。在高纬度水域并不存在密度跃层，水是近似等密度的。

海洋分层

如同地球内部一样，海洋的大部分是因密度不同而分层的。低密度海水存在于海面附近，高密度海水则被低密度表层水覆盖。除如图4-9所示的一些蒸发率较高的干燥区域的内陆浅海外，海洋中密度最大的水存在于海洋的最深处。海洋学家发现，开阔海洋的大部分地区存在一个三层结构：浅层混合层、过渡层和深海层（见图4-11）。

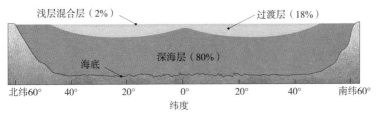

图4-11　海洋的分层

海洋学家根据水的密度将海洋分为三个主要层，这三层随温度和盐度的变化而变化。温暖的浅层混合层仅约占海水的2%。过渡层包括温跃层和密度跃层，约占海水的18%。深海层含有高密度的冷水，约占海水的80%。

浅层混合层从海洋表面向下延伸，通常只占海水的2%左右。由于太阳能被海洋表面所接收，故此处的水温是最高的。这些水通过波浪及洋流和潮汐产生的湍流得以混合，将海面获得的热量相对均匀地散布开来。因此，这种表面混合区的温度几乎相同。这层的厚度和温度因纬度和季节的变化而变化。该层通常深大约 300 米，也可能会达到 450 米。

在由阳光提供热量的浅层混合层下方，温度随深度加大而快速下降（见图 4-8）。在这里，上层的浅层混合层暖水和下层的深海层冷水之间存在一个被称为过渡层的区域。过渡层包括一个明显的温跃层和与之相关的密度跃层，约占海水的 18%。

过渡层下面是深海层，阳光永远不会到达此处，这里的水温仅比冰点高几度。因此，海水密度保持恒定且相对较大。值得一提的是，深海层包括约 80% 的海水，这也证明了海洋的巨大深度。海洋的平均深度超过 3 700 米。

高纬度水域并不存在三层结构，因为水是近似等温和等密度的，这意味着温度和密度不会随深度变化而迅速变化。因此在高纬度水域，海面和深水之间可以发生良好的垂直混合。在这里，寒冷且高密度的海水在海面形成，然后下沉并引发深海洋流，后文会详细讨论相关内容。

Q4　我们怎样才能看到海底的真实面貌？

海洋底部是一个充满奇迹的神秘世界，这里有高耸的火山山峰、深邃的海沟、连绵的山链，也有广阔的平原、高原，还有形状各异的峡谷、隐藏许多奇妙生物的溶洞，事实上，这里几乎和各大洲的风景一样多样。尽管因为海水的存在，我们无法用眼睛直接欣赏海底神秘的景象，但随着科学技术的不断发展，越来越多的美丽风景正渐渐展现在我们眼前。

海底测绘

海洋深度的测量和海底形状（海洋地形）的测绘被称为海底测绘。人类进行海底测绘的历史可以追溯至古代，但真正意义上的海底测绘则始于 19 世纪初。

从 1872 年 12 月到 1876 年 5 月，"挑战者号"远征队首次尝试对全球海洋进行全面研究。在英国皇家海军"挑战者号"进行了历史性的三年半航程后，海底地形的复杂性才显现出来（见图 4-12）。在长达 127 500 千米的航行中，该船船员及科学家到达了除北冰洋以外的所有大洋。在整个航行过程中，他们将长长的拖曳线下放到海底再收回来，以这样艰苦的操作收集了诸如海洋深度等各种海洋数据。1875 年，"挑战者号"通过这个艰苦的航程，首次记录了海底最深的地点。这个地点位于西太平洋的海底，后来被命名为"挑战者深渊"。

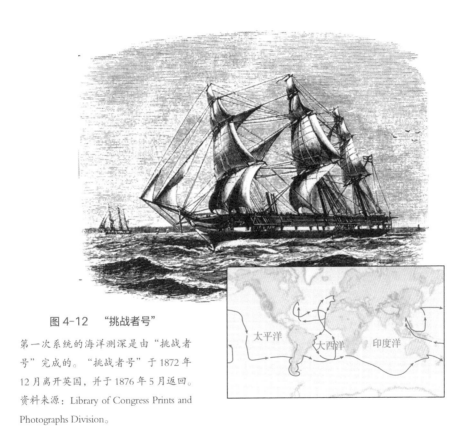

图 4-12 "挑战者号"

第一次系统的海洋测深是由"挑战者号"完成的。"挑战者号"于 1872 年 12 月离开英国，并于 1876 年 5 月返回。资料来源：Library of Congress Prints and Photographs Division。

现代海洋测绘工具。用拖曳线测量海底，这个方法虽然简单，但精度较低，且探测深度有限。如今，人们用声波来测量深度。这个方法的基础工具是声呐（sonar），它的英文名是 sound navigation（声导航）和 ranging（测距）的缩写。

第一批使用声波测量深度的仪器被称为回声探测仪，是在 20 世纪早期发明的。回声探测仪向水中发射声波（被称为水声脉冲），声波碰撞到物体，如大型海洋生物或海底，反弹时会产生返回信号（见图 4-13）。灵敏的接收器会接收反射的声波，时钟会精准测量这一过程的时间，可精确到几分之一秒。声波在水中传播的速度约为 1 500 米 / 秒，再根据能量脉冲到达海底并返回所需的时间，就可以计算出深度。通过连续监测这些回波，可利用求得的深度绘制海底的轮廓。通过合并多个相邻的轮廓，可以生成海底的地图。

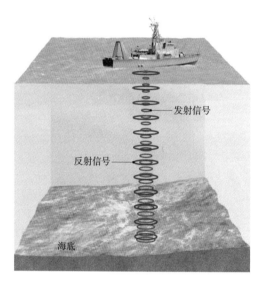

发射信号

反射信号

海底

图 4-13 回声探测仪

回声探测仪通过测量声波从发射到海底并返回所需的时间来确定深度。水中的声速是 1 500 米 / 秒，可据此算得深度，深度 =1/2×1 500 米 / 秒 × 回声时间。

第二次世界大战结束后，美国海军发明了侧扫声呐，以寻找部署在航道上的爆炸装置（见图 4-14a）。通过结合大量侧扫声呐数据，研究人员制作了第一张类似照片的海底图像。虽然侧扫声呐可以提供珍贵的海底景观轮廓，但它并不能提供测深（深度）数据。

直到 20 世纪 90 年代，随着高分辨率多波束声呐仪器的发展（见图 4-14a），人们才获得了深度数据。这些系统使用船体安装的声源发出扇形声波，然后通过一组面向不同角度的窄聚焦接收器记录来自海底的反射波。这种技术不需要每隔几秒获得一个点的深度，而是让调查船舶可以绘制宽数十千米的条带的海底特征图。这些系统能够收集高分辨率的测深数据，分辨出不到 1 米的深度差异（见图 4-14b）。

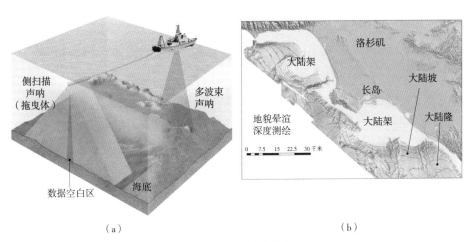

（a）   （b）

图 4-14　侧扫声呐和多波束声呐

图（a），在同一艘探测船上同时操作侧扫声呐和多波束声呐。图（b），加利福尼亚州洛杉矶地区的海底和沿海地带的彩色增强透视图。

虽然测深的效率和精度有了巨大提高，但从总体上来说依然不足：配备多波束声呐的研究船的航行速度仅为 10～20 千米/时。一艘拥有现代声呐技术的船只估计需要 350 年才能绘制出深度超过 200 米海域的海底地图。这就解释了为什么目前直接测量的海洋深度的海域不到 15%，而世界上深度不到 200 米的沿海水域只有 50% 被绘制过地形图。

> **你知道吗？**
>
> 海洋深度通常用英寻表示。1 英寻等于 1.8 米，大约是一个人展开两臂的距离。这个术语源于人工将测深线带回船上的方式。当缆绳被拉回来时，工人会记录拉回来了多少个臂长。通过一个人伸出的手臂的长度，可以计算出被拉回来的绳子的长度。1 英寻后来被标准化为 1.8 米。

尽管存在这些挑战，"海床 2030"（Seabed 2030）等国际合作项目仍致力于将所有收集到的可用测深数据应用在海底高分辨率数字地图中，并推动国际社会努力收集更多海底数据以填补空白。"海床 2030"项目的目标是到 2030 年绘制整个海底地图。

从太空绘制海底地图。在近距离进行海底测绘的同时，科学家也在尝试通过从远距离观察海洋，实现另外一项技术突破，从而更深入地了解海底，这就是从太空测量海洋表面的形状。在考虑了海浪、潮汐、洋流和大气的影响后，我们发现海洋表面并非完全平坦。海底庞大的地形特征发挥了强大的引力作用，导致海面上形成了隆起的区域；相反，峡谷和海沟会使海面产生轻微的凹陷。配有雷达测高仪的卫星能够利用从海面反射的微波来测量这些细微的差别（见图 4-15）。这些设备可以检测到几厘米的变化，大大扩充了我们了对海底地形的认识。结合传统的声呐测量，这些数据可用于生成详细的海底地图（见图 4-16）。

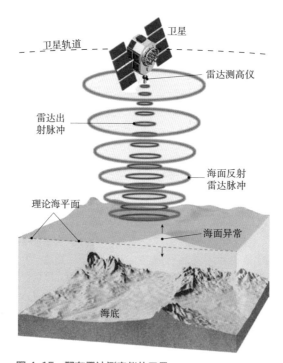

图 4-15　配有雷达测高仪的卫星

配有雷达测高仪的卫星能测量由引力引起的海面高程的变化，并反演海底的形状。海面异常是指测量所得实际海洋表面与理论海洋表面的位置不一致的现象。

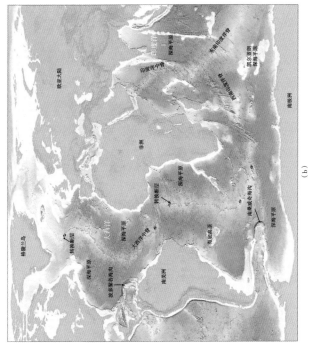

（b）

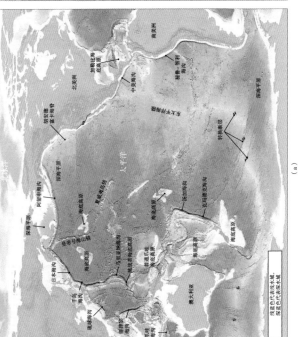

（a）

图 4-16　海底的主要地貌特征

海底的各个区域

通过多年的观察与测绘，海洋学家将海底地形归结为三种主要形式：大陆边缘、深海盆地和洋脊。从图 4-17 所示的地图中可以看出北大西洋的这些分区，底部的剖面图体现了不同的地形。此类剖面图通常将垂直尺寸放大了数倍，使地形更加明显。因此，垂直放大使得海底剖面图中显示的坡度看起来比实际的坡度陡峭得多。在本章的后续部分，我们将深入了解这三种不同的海底地形。

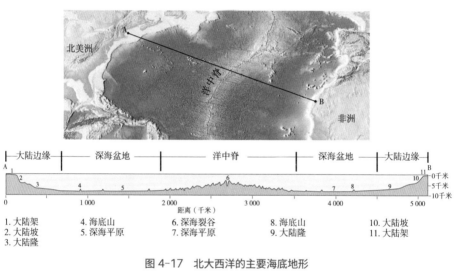

图 4-17　北大西洋的主要海底地形

上方是地图，下方是剖面图。在剖面图中，垂直方向的比例尺已被放大，使地貌更易于观察。

Q5　从海岸线向深海走，景色一样吗？

大陆边缘，就像它的名字显示的那样，是陆壳向洋壳过渡的边界。大陆边缘分为两种：主动大陆边缘和被动大陆边缘。它分布在各大洋的周围，其中几乎整个大西洋和大部分印度洋海域被被动大陆边缘包围。与之相反，被俯冲带占据的主动大陆边缘环绕着大部分太平洋海域。值得注意的是，许多活跃的俯冲带不仅仅局限于大陆边缘区域。

被动大陆边缘

被动大陆边缘是地质不活跃的区域，与最近的板块边界之间的距离很远。因此，它们与强烈地震或火山活动无关。当大陆板块断裂并因海底持续扩张而分离时，就会形成被动大陆边缘。被动大陆边缘的例子主要是与大西洋相接的大陆边缘（见图 4-16）。

大多数被动大陆边缘较为宽阔，大量沉积物在这里沉积。被动大陆边缘地貌包括大陆架、大陆坡和大陆隆（见图 4-18）。

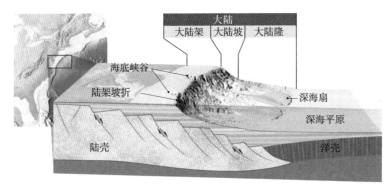

图 4-18　被动大陆边缘

需要指出的是，图中大陆架和大陆坡的坡度都经过夸张处理。实际上，大陆架的平均坡度为 0.1°，大陆坡的平均坡度为 5°。

大陆架。大陆架是从海岸线向深海盆地延伸的缓缓倾斜的水下陆地，它主要由大陆地壳组成，上面覆盖着临近陆地侵蚀作用产生的沉积岩和沉积物。

大陆架的宽度变化很大，一些大陆架的部分地区十分狭窄，而有些地区则会向海延伸超过 1 500 千米。大陆架的平均坡度约为 0.1°，以至于如不借助测量工具，观察者往往会认为它是水平面。

不同大陆架的地貌往往没有太大区别。然而，有些地区被大量的冰川沉积物覆盖，因此显得相当崎岖。此外，一些大陆架被从海岸线延伸到更深水域的峡谷切割。大部分大陆架峡谷是陆地上河谷向海延伸形成的。它们在上一个冰期（第四纪时期）受到了侵蚀作用，当时大量的水储存在大陆上的大片冰盖中，导致海平面至少下降 100 米。由于海平面的下降，河道自大陆架延伸，陆栖的动植物迁移到大陆架露出水面的部分。在北美洲海岸的挖掘工程已经发现了许多陆生生物的古老遗骸，包括猛犸象、乳齿象和原始马，这进一步证明了大陆架的一部分曾经高于海平面。

虽然大陆架仅占海洋总面积的 7.5%，但它们具有重要的经济和政治意义，因为它们是石油和天然气的储藏库，并且还有着大量的渔场。

大陆坡。大陆架面向大海方向的边缘是大陆坡。这是一个相对陡峭的地貌，标志着陆壳和洋壳之间的界限。虽然大陆坡的坡度因地而异，某些地方超过 25°，但它的平均值约为 5°。

大陆隆。大陆坡向外，会过渡成一个更平缓的斜坡，叫作大陆隆，可向海延伸数百千米。大陆隆是由沿着大陆坡移动到深海海底的厚厚沉积物堆积而成的。大多数沉积物通过周期性地从海底峡谷流过的浊流输送到海底（稍后将讨论这一点）。当这些泥泞的泥浆从峡谷口流到相对平坦的海底时，它们沉积形成深海扇。相邻的海底峡谷的深海扇不断生长延伸，在大陆坡底部合并成连续的楔形沉积，形成大陆隆。

海底峡谷和浊流。深而陡峭的海底峡谷径直向下切入大陆坡，有些甚至可以穿越整个大陆隆直达深海盆地（见图 4-18）。虽然其中一些峡谷是河谷向海的延伸，但许多峡谷不只是通过这种方式形成的。实际上，海底峡谷的深度远低于冰期海平面的最大下降距离，因此我们不能将其形成全部归因于河流侵蚀。

大多数这类海底峡谷可能是被浊流冲刷出来的。浊流是含大量沉积载荷的致密水流向下坡流动时形成的，是海洋中沉积物运移的重要机制。它们是在大陆架和大陆坡上的泥沙被冲走并变为悬浮状态时产生的。由于含有大量泥沙的水比普通海水密度高，因此浊流在向下坡移动时具有一定的冲击力，会侵蚀海底并积累更多沉积物。人们认为，浊流的反复侵蚀是塑造大多数海底峡谷的主要力量。

主动大陆边缘

主动大陆边缘分布在汇聚型板块边界处，在这里，大洋岩石圈俯冲到大陆边缘的下方。图 4-19 所示的俯冲带（红色）包围了太平洋的大部分地区。请注意，许多活跃的俯冲带都远远超出了大陆的边缘。

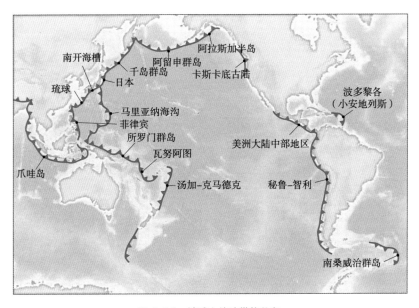

图 4-19　地球上俯冲带的分布

活跃的俯冲带环绕太平洋板块的大部分地区。

深海海沟是汇聚型板块边界的主要地形特征（见图 4-20a）。这些极深的窄沟绝大部分位于太平洋板块边界。波多黎各海沟是一个例外，它是加勒比海和大西洋之间的边界。

沿着一部分俯冲带，从下降的海底板块上刮蹭下来的海底沉积物和洋壳碎片贴附到上覆板块的边缘（见图 4-20b）。这些变形沉积物和被刮下来的板块碎片胡乱地堆积在一起，被称为增生楔。长时间的板块俯冲作用会沿着主动大陆边缘产生大量的沉积物堆积。

与之相反的过程被称为俯冲侵蚀，也是许多主动大陆边缘的特征。沉积物和岩石并不是在上覆板块的前部积聚，而是从上升板块的底部被刮下来，然后由俯冲的板块输送到地幔中。当俯冲角度足够大时，俯冲侵蚀特别有效。俯冲板块的高度弯曲会导致洋壳的断裂并形成粗糙的表面，如图 4-20c 所示。

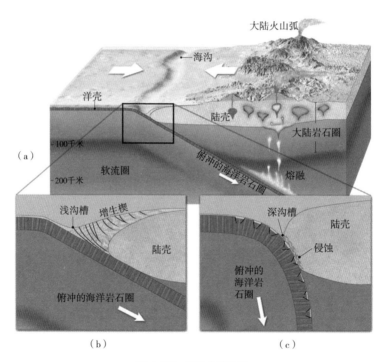

图 4-20 主动大陆边缘

图（a），主动大陆边缘。图（b），增生楔沿着俯冲带发育，在俯冲带中，来自海底的沉积物从俯冲的大洋板块上被刮下，并堆压在上覆板块的边缘上。图（c），俯冲侵蚀发生在俯冲板块从上覆板块底部刮下沉积物和岩石，并将它们带入地幔的地方。

Q6　最深的海沟底部有什么？

深海盆地位于大陆边缘和洋脊之间，几乎占地表总面积的30%。该区域包括：深海海沟，这是海底极深的线性凹陷；极其平坦的地区，被称为深海平原；高大的火山山峰，被称为海山或平顶海山；如果大面积的熔岩流堆积其上，形成的新地貌被称为海底高原。

深海海沟

深海海沟是狭长的、相对较窄的海底槽，是海洋最深的部分。大多数海沟位于太平洋边缘，许多海沟的深度超过10千米（见图4-16和图4-19）。其中马里亚纳海沟的挑战者深渊，深度约为10 994米，使其成为世界海洋中已知最深的部分（见图4-21）。大西洋里只有两条海沟：波多黎各海沟和南桑威治海沟。

虽然深海海沟只占海底面积的很小一部分，但它们是重要的海洋地貌。海沟位于板块聚合之处。在此处，海洋岩石圈板块向地壳下方俯冲并重新回到地幔中。除当一个板块在另一个板块下刮擦而产生地震外，板块俯冲还会引发火山活动。经历此过程后，一些海沟与被称为火山岛弧的一系列弧形活火山平行排布。在图4-21a中，马里亚纳海沟就是这样一种地貌。此外，大陆火山弧，如安第斯山脉和喀斯喀特山脉的一部分，与毗邻大陆边缘的海沟平行。与环绕太平洋的海沟相关的火山活动解释了为什么该地区被称为"火环"。

深海平原

深海平原位于极深的海底，是一种极其平坦的地貌。实际上，这些地区可能是地球上面积最大的水平地区。例如，在阿根廷海岸发现的深海平原，在超过1 300千米的距离上，仅有不到3米的高度变化。

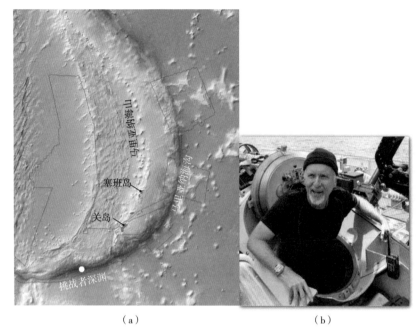

（a）　　　　　　　　　　（b）

图 4-21　挑战者深渊

挑战者深渊位于马里亚纳海沟南端附近，是全球海洋最深的地方，深约 10 994 米。电影导演詹姆斯·卡梅隆（代表作为《泰坦尼克号》和《阿凡达》）于 2012 年 3 月成为 50 多年来第一个将深潜潜水器带到挑战者深渊的人。若要回顾西太平洋马里亚纳海沟的位置，可以参考图 4-16。

资料来源：图（a），NOAA；图（b），Mark Thiessen/AFP/Getty Images/Newscom。

通过能够产生穿透海底的信号的地震反射剖面仪，研究人员已经确定，深海平原的地形之所以"平平无奇"，归功于厚厚的沉积物，这些沉积物掩埋了原本崎岖不平的海底（见图 4-22）。通过研究沉积物的性质可以发现，这些平原主要由三种沉积物组成：（1）通过浊流从远处运入大海的细粒沉积物；（2）海水中沉淀的矿物质；（3）海洋微生物的壳体与骨骼。

所有海洋都有深海平原，其中大西洋的海底有最广阔的深海平原，因为它基本上没有海沟，因此，从大陆坡上被冲下的沉积物不会受到海沟的阻碍。

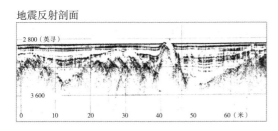

地震反射剖面

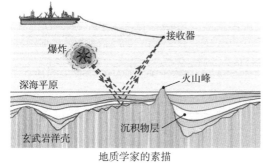

地质学家的素描

图 4-22　地震反射剖面图和海底沉积物

通过这幅东大西洋马德拉深海平原地震反射剖面图和根据其绘制的匹配草图可知，不规则洋壳被沉积物掩埋了。

资料来源：Charles Hollister /Woods Hole Oceanographic Institution。

海底火山结构

在深邃的海底，虽然漆黑一片，却隐藏着地球上神秘而壮观的自然现象——水下火山。许多大小不一的火山结构散布在海底。这些结构很多表现出与陆地火山相似的特征。一些为绵延数千千米的狭长火山链，另一些则是大到能覆盖整个得克萨斯州的巨大结构。

海山和火山岛。海底火山被称为海山，海山可以高出周围地形数百米以上。据估计，全世界有 100 多万座海山。有些已经大到可以被称为海洋岛屿，但大多数海山没有足够长的喷发历史来构建海平面以上的结构。

如果一座火山在被板块运动带离岩浆源之前就已经足够高大，原来的火山结构就可以转化成火山岛。我们较为熟悉的复活节岛、塔希提岛、博拉博拉岛、加拉帕戈斯群岛和加那利群岛都是火山岛。

一部分海山，比如从夏威夷群岛一直延伸到阿留申海沟的夏威夷岛 - 皇帝海山链，形成于火山热点上方（见图 4-16 和图 4-20）。其他的海山形成于洋脊附近。

平顶海山。在火山岛存在期间，风化和侵蚀作用会使不活跃的火山岛高度下降，逐渐下降到近海平面。这是一个不可避免的过程。当移动的板块缓慢地将不活跃的火山岛从形成它们的高洋脊或热点上移开时，火山岛逐渐下沉并在水面上消失。以这种方式形成的水下平顶海山被称为平顶海山（guyots）[①]。

海底高原。海底包含几个巨大的海底高原，它们类似于在大陆上由溢流玄武岩形成的熔岩高原。海底高原是由大量的溢流玄武岩熔岩积聚而成的，厚度可以超过 30 千米。

从地质学上讲，一些海底高原似乎形成得很快，比如，在不到 300 万年时间内形成的翁通爪哇高原和在 450 万年内形成的凯尔盖朗深海高原（见图 4-16）。与陆地上的玄武岩高原一样，人们通常认为上升地幔柱的球状头部熔融时，将产生大量外溢的玄武岩，进而形成海底高原（见图 4-23）。

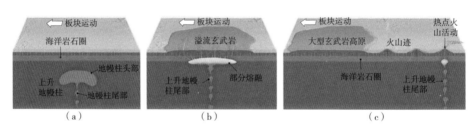

图 4-23　地幔柱和大型海洋高原

热点火山作用可能是形成海洋高原和与这些特征相关的火山岛链的原因。图（a），上升地幔柱带有一个巨大的球状头部，被认为是地球上形成巨大玄武岩高原的原因。图（b），地幔柱头部的快速减压熔融在相对较短的时间内产生大量溢流玄武岩。图（c），由于板块运动，地幔柱尾部上升引起的火山活动产生了一系列较小的火山结构。

---

① guyot 一词出自普林斯顿大学第一位地质学教授阿诺德·古约特（Arnold Guyot）的名字。

Q7 为什么海底能出产地球 60% 的岩浆？

一个可能会令你感到惊讶的事实是，占地球岩浆年总喷发量 60% 以上的岩浆，是沿着洋脊系统产生的，这与海底扩张有关。随着板块的分离，洋壳中形成的裂缝充满了熔岩，这些熔岩逐渐从下方炽热的地幔涌出，随后慢慢冷却结晶，形成新的海底。这一过程不停地上演、重复，产生新的岩石圈，再以传送带的方式从脊顶移开。

想要深入了解这个过程，我们需要进一步学习海底的洋脊系统。

在前文中，我们已经了解了大陆边缘和深海盆地，现在我们来探索海底的洋脊系统。沿着充分发育的离散型板块边界，海底被抬升，形成一系列几乎连续的水下火山山脉，它们被称为洋隆或洋（中）脊。洋脊的特点是广泛的断层、地震、高热流，以及火山活动。我们对洋脊系统的知识来自对海底的探测、深海钻探收集到的岩芯标本、使用深潜器的目视观察，以及对海底沿汇聚型板块边界逆冲到陆地上的海底切片的第一手研究。

剖析洋脊系统

洋脊系统以类似于棒球表面接缝的方式蜿蜒穿过所有主要海洋，是地球上最长的地貌，总长度超过 7 万千米。洋脊的峰顶通常高于邻近海盆 2～3 千米，它标志着形成新洋壳的离散型板块边界。

请注意，在图 4-24 中，洋脊系统的很大一部分是根据它们在各个洋盆中的位置命名的。有些洋脊穿过洋盆的中间，它们被恰当地称为洋中脊，比如大西洋中脊和印度洋中脊。相比之下，东太平洋海隆并不具有"洋中"的特征；相反，它位于东太平洋，远离大洋中心。

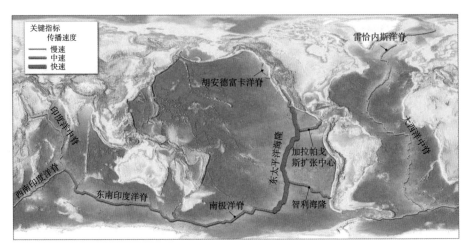

图4-24　洋脊系统的分布

地图显示了慢速、中速和快速扩张的洋脊分段。

术语"脊"多少有些误导人们对于洋脊的理解，因为这种地貌并不是像"脊"所代表的那样狭窄而陡峭。实际上，它是宽度为1 000～4 000千米、轮廓宽广的长条隆起，表现出不同的强度。此外，洋脊系统被分解成许多几十到几百千米长的段。每两段之间的偏移部分被称为转换断层。

洋脊和大陆上的一些山脉差不多高，但相似之处仅此而已。大多数山脉在陆地上形成时，与大陆碰撞相关的压应力使厚厚的沉积岩层发生褶皱和变质，而在洋脊形成的地方，地幔上涌并产生新的洋壳。洋脊由新形成的玄武岩层或堆组成，这些岩石由高温地幔岩石形成，因浮力抬升。

沿着洋脊系统某些部分的轴线，会发现深的断陷构造，因它们与大陆上在东非发现的大裂谷具有惊人的相似性（见图4-25），所以被称为海底裂谷。其中一些裂谷，包括那些沿着崎岖的大西洋洋中脊的裂谷，通常宽30～50千米，并且有高达500～2 500米的谷壁。这使得它们足可媲美亚利桑那州大峡谷最深最宽的那部分。

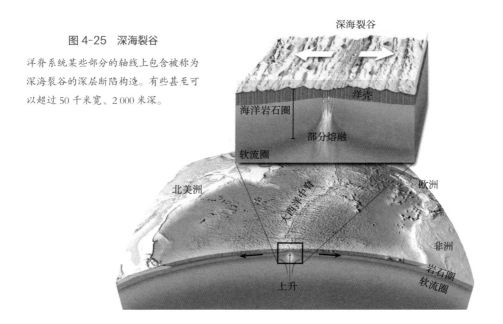

图 4-25　深海裂谷

洋脊系统某些部分的轴线上包含被称为深海裂谷的深层断陷构造。有些甚至可以超过 50 千米宽、2 000 米深。

为什么洋脊会抬升

新形成的海洋岩石圈温度很高，密度低于深海盆地的较冷岩石，这是洋脊抬升的主要原因。当新形成的玄武岩地壳从脊顶处移开时，上方海水在岩石孔隙和裂缝中的循环将使它从上往下逐渐冷却，再加上岩石越来越远离热地幔上升区域，岩石会逐渐冷却。最终，岩石层冷却下来并收缩，密度变大。这种热收缩导致远离脊顶的海洋深度更大。这些岩石曾经是洋脊上升系统的一部分，需要近 8 000 万年的冷却和收缩才能离开洋脊，成为深海盆地的一部分。

随着岩石圈从脊顶处移走，温度下降也会导致岩石圈厚度逐渐增加。这是因为岩石圈和软流圈之间的边界是热边界。让我们回忆一下，岩石圈是地球冰冷、坚硬的外层，而软流圈是一个相对较热且较为柔软的层。当软流圈的最上

> **你知道吗？**
>
> 加利福尼亚湾，也被称为科特斯海，在过去的 600 万年中由海底扩张形成。这个约 1 200 千米长的盆地位于墨西哥西海岸和下加利福尼亚半岛之间。

层物质发生老化（冷却），它就会变硬。因此，由于温度下降，软流圈的上部逐渐转化为岩石圈的一部分。海洋岩石圈继续变厚，直到厚度变为 80 ～ 100 千米。此后，其厚度保持相对不变，直到再次俯冲进入地幔。

Q8　海洋能告诉我们哪些气候秘密？

　　海底沉积物也是地球表面重要的地质构成之一，在为海洋生物提供栖息地和营养来源的同时，也记录了地球历史和环境变化的信息。除了大陆坡的陡峭区域和靠近洋中脊脊峰的区域，海底都被沉积物覆盖。其中一部分是浊流的沉积物，其余部分则是从上方海水中缓慢沉降到海底的沉积物。碎屑层的厚度差别很大。作为源自大陆边缘的沉积物的归宿，一些海沟中的沉积物可能厚达 10 千米。然而，沉积物的一般积累量要少得多。例如，在太平洋，未经压缩的沉积物厚度约为 600 米甚至更少，而在大西洋的海底，沉积物的厚度则为 500 ～ 1 000 米。

海底沉积物的种类

　　海底沉积物基本可根据其来源分为三类：陆源沉积物（来自陆地）、生物源沉积物（来自有机体）、水成沉积物（来自海洋）。虽然每一类通常都会被分开研究，但所有海底沉积物都是混合物，没有一类沉积物是单一来源的。

　　陆源沉积物。 陆源沉积物主要由大陆岩石风化后运输到海洋的矿物颗粒组成。较大的颗粒（砂和砾石）通常能迅速地沉降在海岸附近，而最小的颗粒需要数年时间才能沉到海底，还可能被洋流携带移动数千千米。因此，几乎海洋的每个区域都存在一些陆源沉积物。然而，这些沉积物在深海海底积累的速度非常缓慢。例如，形成 1 厘米厚的深海黏土层需要 1 万年。相反，在大陆边缘，靠近大型河口的地方，陆源沉积物迅速积累，可形成厚厚的沉积层。

生物源沉积物。生物源沉积物由海洋动物的壳体、骨骼和藻类组成（见图 4-26）。大部分残骸碎片是由生活在近海面阳光充足的海水里的浮游生物产生的。这些有机体死亡后，它们的硬壳随之如雪花般缓慢沉降到海底，不断积累。

图 4-26　海洋微生物化石

这些微小、单细胞的生命体对任何微小的温度波动都极为敏感。海底沉积物中的这类化石是气候变化数据的重要来源之一。这是一幅假彩色图。

资料来源：Mary Martin/Biophoto Associates/Science Source。

最常见的生物源沉积物是钙质软泥，主要由碳酸钙组成。顾名思义，它具有黏稠泥浆的质地。这种沉积物源自生活在温暖的表层水域的生物体硬壳。当钙质硬壳慢慢沉入冷水层时，它们开始溶解。这是因为深层的冷海水富含二氧化碳，因此比温水的酸性更强。在深度约为 4 500 米的海水中，钙质硬壳在到达底部之前就会完全溶解。因此，钙质软泥不会在更深的海底堆积。

其他生物源沉积物包括硅质软泥（SiO_2）和富磷酸盐的物质。前者主要由硅藻（单细胞藻类）和放射虫（单细胞原生动物）的硬体构成，而后者则来自鱼类和其他海洋生物的骨骼、牙齿和鳞片等多种来源。

水成沉积物。水成沉积物由通过各种化学反应直接在海水中结晶的矿物质组成。例如，当碳酸钙直接在水中沉淀时，会形成一些灰岩。不过，大多数灰岩是由海洋生物产生的。

下面列出的是最普遍的水成沉积物：

· 锰结核是锰、铁和其他金属组成的圆形硬块，这些金属在中心物体（如火山卵石或一粒沙子）周围一层一层地沉淀。结核直径可达 20 厘米，通常散落在深海的广阔区域（见图 4-27a）。

- 金属硫化物通常在海底喷出热液的喷口附近表面沉淀。这些喷热液口通常与洋中脊的顶部有关。当高温流体与较冷的海水接触时，矿物质沉淀形成烟雾状云，这种喷口被称为黑烟囱（见图 4-27b）。构成黑烟囱的微粒最终会沉淀下来。这些沉淀物含有铁、铜、锌、铅、银和其他含量不同的金属。
- 碳酸钙是在温暖的气候下直接在海水中沉淀形成的。如果被掩埋并硬化，它就会形成灰岩。不过，大多数灰岩源于生物源沉积。
- 蒸发岩形成于蒸发率高、与公海之间的环流受限的海域环境。当水从这些区域蒸发时，剩余的海水中溶解的矿物质趋于饱和，然后开始沉淀。它们比海水重，会沉入底部，或在这些区域边缘形成独特的白色蒸发岩矿物质壳。蒸发岩被统称为盐；有些蒸发矿物质味道发咸，如岩盐（普通食盐，NaCl），有些则不然，如硫酸钙矿物硬石膏（$CaSO_4$）和石膏（$CaSO_4 \cdot 2H_2O$）。

（a）   （b）

图 4-27 典型的水成沉积物

图（a），锰结核。图（b），这个"黑烟囱"正在喷出热的、富含矿物质的水。当热盐溶液遇到冷海水时，金属硫化物会沉淀并形成这些热液喷口周围的矿物质堆。

资料来源：图（a），Charles A. Winter/Science Source；图（b），Verena Tunnicliffe/ Uvic/ Fisheries and Oceans Canada/Newscom。

海底沉积物：气候数据的宝库

这些沉积物虽然沉淀在海底，但它们还能发挥一项作用，为科学家更好地了解我们居住的地球提供帮助。

目前用于研究大气成分和动力学的高科技数字和精密仪器都是近期的发明，因此自这些发明以来收集到的数据并未追溯到很早之前。气候仪器的可靠气候记录最多只能追溯到几百年前，追溯得越远，数据就越不完整，也越不可靠。那么，科学家如何了解更早时期的气候和气候变化呢？科学家必须从被称为气候代理数据（proxy data）的间接证据中重建过去的气候；也就是说，他们必须分析对不断变化的大气条件做出响应的现象。这项研究被称为古气候学，主要目标是了解过去的气候，以便在自然气候变化的背景下评估未来潜在的气候变化。

代理数据来自气候变化的自然记录，如冰川、海底沉积物和树木的年轮。我们知道，地球系统的各个部分是相互联系的，因此一个部分的变化可以导致任何或其他所有部分的变化。大气和海洋温度的变化会体现在海洋生物的性质上，因此，研究生物源沉积物可以了解地球气候的历史。

研究海洋沉积物的价值。 大多数海底沉积物包含曾经生活在海面附近（海洋 - 大气界面）的生物的遗骸。当这些近表面生物死亡时，它们的壳体会慢慢沉降到海底，成为沉积记录的一部分。这些海底沉积物是全球气候变化的重要记录，因为生活在海面附近的生物数量和类型会随着气候变化而变化。

因此，为了了解气候变化和其他环境变化，科学家正在开发利用海底沉积物这一巨大的数据库。钻探船和其他研究船收集的沉积物岩芯提供了宝贵的数据，

> **你知道吗？**
>
> 有一类生物群落居住在热液喷口周围，处于黑暗、炎热、富含硫的环境中，无法进行光合作用（见图 4-27b）。这一生态系统的食物网链基础是由类似细菌的有机体提供的，这些有机体通过一种叫作化能合成的过程，利用来自喷口的热量生产糖和其他食物，从而使它们和许多其他有机体能够在这种极端环境中生存。

大大扩展了我们对过去气候的认知和了解（见图 4-28）。

图 4-28　海洋地质研究船获得的沉积物岩芯

这名科学家正举着一个海洋地质研究船获得的沉积物岩芯。它提供的代理数据使我们能够更全面地了解过去的气候。注意看他身后的由沉积物岩芯组成的"图书馆"。

资料来源：Ingo Wagner/Newscom。

海底沉积物对我们理解气候变化的重要性的一个显著例子是，它揭示了造成在第四纪冰期，冰期和间冰期交替出现的大气条件的波动。海底沉积物岩芯中的温度变化记录对于我们目前了解地球历史的最近跨度至关重要。

要点回顾
Foundations of Earth Science >>> ————————————————————

- 海洋学是一门跨学科科学,它利用生物学、化学、物理学和地质学的方法和知识来研究世界海洋的方方面面。地球上近 71% 的面积是海洋和边缘海洋。在南半球,大约 81% 的表面是水。世界三大洋为太平洋、大西洋和印度洋,其中太平洋最大,平均深度也最深。它所拥有的水量略多于世界海洋总水量的一半,平均深度为 3 940 米。

- 开阔海域的平均盐度约为 35‰。海洋盐度的主要贡献元素是氯 (55%) 和钠 (31%)。海盐元素的主要来源是大陆岩石的风化产物和海底火山喷出的气体。盐度的变化主要是由海水溶液的含水量变化引起的。向海水中加入大量淡水和降低盐度的自然过程包括降水、陆地径流、冰山融化和海冰融化。从海水中去除大量淡水和提高盐度的过程包括海冰的形成和蒸发。海洋的表面温度与太阳能的接收量有关,并随纬度的变化而变化。低纬度水域有相对温暖的表层水和明显较冷的深层水,二者之间形成了一个温跃层,温度在此区域会发生快速变化。高纬度水域不存在温跃层,因为水的表层和底部几乎没有温差。

- 海水密度首先受水的温度影响,其次受盐度影响。冷的、高盐度的水密度最大。低纬度地区的深层海水明显比表层海水密度更高、温度更低,这会形成一层密度变化很快的密度跃层。高纬度水域不存在密度跃层,因为水的表层和底部几乎没有密度差。

- 海洋深度的测量和海底地图的绘制被称为海底测绘。海底测绘是通过使用船上的声呐完成的。声呐发出的声波在海底反射出"回声"。配备雷达测高仪的卫星通过测量因海底特征性的引力差异而引起的海平面微小变化来绘制海底地图。通过结合来自各个卫星的源数据,可以绘制海底地形图。测绘工作揭示了海底有三种主要区域:大陆边缘、深海盆地和洋脊。

- 大陆边缘是陆壳和洋壳之间的过渡区。主动大陆边缘出现在板块边界和大陆边缘重合的地方，通常位于板块的前缘。被动大陆边缘位于大陆的后缘，远离板块边界。

- 深海盆地约占海底面积的一半。它的大部分是深海平原（在海洋深处、被沉积物覆盖的无明显特征的地壳）。深海盆地中也存在俯冲带和海沟。与海沟平行的是火山岛弧（如果俯冲到海洋岩石圈之下）或大陆火山弧（如果上覆板块的前缘有大陆岩石圈）。

- 深海海底有各种各样的火山结构。海山是海底火山，如果有一部分在海洋表面之上，我们就称之为火山岛。平顶海山是古老的火山岛，在沉入海平面下之前，其顶部已被侵蚀掉了。深海平原是由大量熔岩喷发冷却形成的异常厚的洋壳。

- 洋脊系统是地球上最长的地貌特征，蜿蜒穿过着全球所有主要的海洋盆地。它的高度可达数千米，宽度可达数十千米，延伸数万千米。脊顶（或者叫脊轴）是产生新的洋壳的地方，通常以裂谷为标志。洋脊是隆起地貌，因为它们温度较高，因此密度低于较老、较冷的海洋岩石圈。当洋壳远离脊顶时，热损失导致洋壳变得更致密，最终沉降。8 000 万年后，曾经是洋脊一部分的地壳会处于远离洋脊的深海盆地。

- 海底沉积物分为三大类。陆源沉积物主要由从大陆岩石风化被输运到海洋的矿物颗粒组成；生物源沉积物由海洋生物的壳体和骨架组成；水成沉积物由通过化学反应直接在海水中结晶的矿物组成。海底沉积物是研究全球气候变化的气候代理数据的主要来源之一，因为它们通常含有曾经生活在海面附近的生物的遗骸。这些生物的数量和类型随着气候变化而变化，它们在海底沉积物中的遗骸记录了这些变化。

Foundations

of Earth Science

05

海水为什么会永不停息地运动？

妙趣横生的地球科学课堂

- 风与海水运动有什么关系?

- 在深海中,海水如何运动?

- 海岸线会发生怎样的变化?

- 为什么海滩不一定有沙子?

- 海岸地貌为何千姿百态?

- 海岸的上升和下沉会产生哪些影响?

- 自然海滩为什么需要人为保护?

- 为什么一天能观察到两次涨潮?

　　海洋中的水处于永不停息的运动之中。风的吹拂制造了海面的洋流，而洋流会影响沿海的气候，还可以提供养分，从而影响海水表层海洋生物的丰富程度。风还导致了波浪的产生，波浪可将能量通过风暴运送至遥远的海岸，从而影响陆地的侵蚀。海水密度的差异会产生深海环流，这对海水的混合与养分的循环意义重大。另外，海水在月球与太阳的作用下产生了潮汐这一周期性运动。

　　海水的运动也持续影响着我们，世界航海史便是佐证。比如航海家哥伦布第一次发现美洲大陆时，经过 37 天的漫长航行才到达今天的巴哈马群岛，但第二次前往美洲时，却只花了 20 天。这背后的原因就是第一次的航线选择向西横渡大西洋，逆风逆水；第二次则先顺着西班牙和北非两海岸南下，接近赤道时才向西横渡大西洋，顺风顺水。

　　再来看另一位航海家詹姆斯·库克（James Cook）遇到的情况，他曾于 18世纪末和 19 世纪初进行多次太平洋探险，其间，他发现南半球形成了一股强大的西风带，这也为他的船队提供了宝贵的助力。

　　本章将探讨海水的这些运动，以及它们对沿海地区的影响。

Q1 风与海水运动有什么关系？

墨西哥湾流也被称作墨西哥湾暖流，是大西洋的重要洋流，沿美国东海岸向北流动（见图 5-1）。与它类似的表层洋流都是在风的驱使下运动的。在大气圈与海洋相接触的海洋表面，运动的大气通过摩擦将能量转移给海水。风持续吹过海面，它施加的拖曳力使得表层海水运动起来。因此，表层海水主要的水平运动与全球盛行风的模式有着紧密联系。

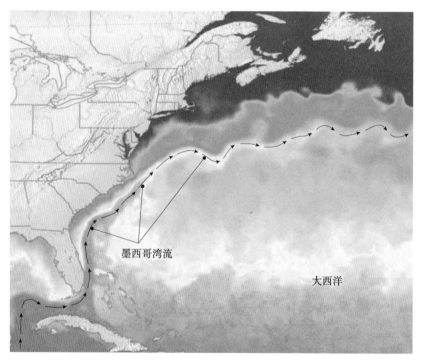

图 5-1 墨西哥湾流

在这幅美国东海岸的卫星图像中，橙色与黄色代表较高的水温，蓝色代表较低的水温。这支洋流将热量由亚热带输送到遥远的北大西洋。

图 5-2 左上角的小地图展示了盛行西风带和信风风带是如何在大西洋产生大

型环形水循环的。这些风带也影响着其他海洋,故在印度洋与太平洋上,我们也能看到类似的洋流模式。从本质上看,表层海水的环流模式与全球风带模式高度吻合,但也受主要大陆的分布及地球自转的强烈影响。

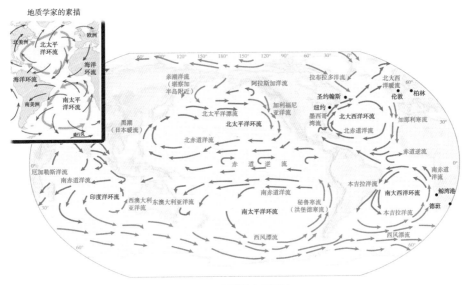

图 5-2 主要的表层洋流

海洋的表层循环可分为五大环流。向极地运动的洋流为暖流,而向赤道运动的则为寒流。洋流在全球热量的再分配中起到了重要的作用。请注意,书中讨论提到的城市在这幅图中的位置。在左上角的小地图中,粗箭头代表了理想的大西洋表面环流,细箭头表示盛行风。风提供了驱动表层海水循环所需的能量。

表层洋流模式

通过观察海水的颜色、温度、流速等变化,或者借助卫星遥感技术和海洋调查船等现代化手段,我们可以发现,海洋上存在着一种呈现环状的洋流,这些在洋盆中的大型海水环流被称为环流。巨大的环形洋流系统支配着海洋的表面。图5-2 中的大地图展示了地球的五大主要环流:北太平洋环流、南太平洋环流、北大西洋环流、南大西洋环流和印度洋环流(主要存在于南半球)。由于各个环流的中心皆与南纬 30° 或北纬 30° 的亚热带重合,故它们常被称为亚热带环流。

科里奥利效应。亚热带环流在北半球沿顺时针方向旋转，在南半球沿逆时针方向旋转（见图5-2）。为何环流在南北半球会朝不同方向旋转？虽然海洋表层洋流是在风的驱动下产生的，但海水的流动也受其他因素影响。在这些因素中，科里奥利效应（Coriolis effect）的影响最为显著。科里奥利效应是由科里奥利力引起的，后者是地球自转而产

生的离心力的一个偏转分力，使得洋流在北半球向右偏转，在南半球向左偏转。比较图5-2左上角的小地图中风的箭头和表示洋流的箭头，就可以看出科里奥利效应产生的影响（后文将详细介绍科里奥利效应）。结果就是环流在南北半球的旋转方向相反。

北太平洋环流。环流中通常存在4个主要的洋流（见图5-2）。以北太平洋环流为例，它由北赤道洋流、黑潮、北太平洋洋流和加利福尼亚洋流构成。对一些有意或无意进入海洋的漂浮物进行追踪的结果显示，漂浮物大约需要6年时间才能走完这个环流的全程。

北大西洋环流。北大西洋环流也有4个主要的洋流（见图5-2），分别是北赤道洋流、墨西哥湾流、北大西洋洋流和加那利寒流。

从赤道附近开始，北赤道洋流向北偏转，在流经加勒比海时变成墨西哥湾流。当墨西哥湾流沿美国东海岸移动时，受到盛行西风的加强作用，在美国北卡罗来纳州向东（向右）偏转，流向北大西洋。在继续向东北方向流动的过程中，墨西哥湾流逐渐变宽、减速，最终形成广阔而流动缓慢的北大西洋暖流。由于其缓慢的特性，这支洋流也被称作北大西洋漂流。

北大西洋暖流在到达西欧时开始分流，其中一支向北流动，经过英国、挪威

和冰岛，将热量送往这些原本较冷的地区；另一分支向南偏转，形成加那利寒流。加那利寒流向南流动，最终汇入北赤道洋流，从而完成循环。由于北大西洋洋盆的大小约为北太平洋洋盆大小的一半，因此漂浮物仅需 3 年左右即可经历完整的环流。

环流的环形运动使得中央大片区域并没有明确的洋流，海面显得风平浪静。在北大西洋，这片宁静的水域被称为马尾藻海，它因该水域中大量生长的一种浮藻而得名。

南半球的环流。 由于表层洋流受风带模式、大陆位置以及科里奥利效应的影响，南半球洋盆中的海水流动与北半球相似。以南太平洋与南大西洋为例，除环流的方向为逆时针外，其表层的海水环流与北半球的海水环流十分相似（见图 5-2）。

印度洋环流。 印度洋环流主要存在于南半球，因此其海洋表面的环流模式与其他南半球洋盆的环流模式相似（见图 5-2）。然而，由于其有一小部分位于北半球，因此会在不同时间受到夏季和冬季季风的影响，使得洋流在不同时间有着不同的方向。在夏季，风由印度洋吹向亚洲大陆。在冬季，风向则与夏季相反，由亚洲大陆吹向印度洋。当风向改变时，表层洋流的方向也会改变。

西风漂流。 西风漂流是唯一环绕地球一圈的洋流（见图 5-2）。西风漂流环绕着冰雪覆盖的南极洲，一路上没有大型陆块的阻挡，故其寒冷的表层海水能够进行连续的环形运动。西风漂流的运动是南半球盛行西风的结果，西风漂流的一部分进入了毗邻的洋盆。西风漂流强烈的流动也有助于界定南冰洋。

洋流影响气候

伴随着海洋的运动，热量也在同步传送，因此海面洋流对气候产生重要影响。地球作为一个整体，它吸收的入射太阳辐射能量本应等于从地表向太空辐射的能量。然而，在大多数纬度，情况并非如此。低纬度地区获得的太阳辐射能量高于从地表辐射回太空的能量，高纬度地区的情况则刚好相反。这种热量的不平衡就会引发热量通过大气和海洋的运动，将能量从热量过剩的地区大规模转移到热量不足的地区，平衡了不同纬度上的能量不均衡。海水运动传输的热量约占总热量的 1/4，其余 3/4 由风传输。

暖流的作用。 众所周知，向极地方向运动的暖流对沿岸气候具有调节作用。由墨西哥湾流所延伸出的北大西洋暖流，使英国及大多数西欧国家在冬季的温度高于该纬度的实际温度。例如，伦敦虽然比加拿大纽芬兰更靠北，但伦敦的冬天却没有那么寒冷（图 5-2 显示了这几个城市）。在盛行西风的作用下，暖流的调节作用可进一步影响内陆地区。例如，柏林（北纬 52°）的 1 月平均温度与纽约相似，而纽约比柏林的纬度更靠南 12°。伦敦（北纬 51°）的 1 月平均温度比纽约高 4.5℃。

寒流的冷却作用。 暖流的效应在冬季最为显著，如墨西哥湾暖流，而寒流对热带地区或中纬度地区夏季的影响最大。例如，南非西海岸的本格拉寒流缓和了沿岸原本的热带高温。鲸湾港（南纬 23°）是一个靠近本格拉寒流的城市，其夏季气温比纬度偏南 6°的德班低 5℃，因为德班位于远离寒流影响的南非东部。南美洲的东西海岸也受洋流影响。图 5-3 显示了受巴西暖流影响的巴西里约热内卢和受秘鲁寒流影响的智利阿里卡这两个城市的月平均温度，尽管阿里卡离赤道更近，但它的温度却比里约热内卢要低。而在美国，由于受加利福尼亚

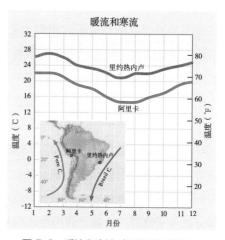

图 5-3　暖流和寒流对沿岸城市的影响

图中所示为巴西里约热内卢和智利阿里卡的月平均温度曲线图，两者均为海平面附近的沿海城市。虽然阿里卡更靠近赤道，但温度却低于里约热内卢。这是因为阿里卡主要受秘鲁寒流影响，而里约热内卢主要受巴西暖流影响。

寒流的影响，位于亚热带沿海的南加州比美国东海岸地区的气温至少低6℃。

寒流加剧干旱。 除会改变邻近大陆的温度外，寒流对气候还存在着其他影响，例如，在大陆西海岸有亚热带沙漠的地方。位于秘鲁和智利境内的阿塔卡马沙漠与位于非洲西南部的纳米布沙漠都是典型的西海岸沙漠。离岸海水冷却了低层大气，加剧了这些海岸的干旱程度，因为当冷却作用发生时，空气变得更加稳定，难以向上运动，从而无法形成云和降水。此外，寒流的存在使得气温接近甚至经常达到露点——水蒸气凝结的温度，这导致此类地区湿度相对偏高，雾气较重。因此，并非所有亚热带沙漠都像你想象的那样炎热、干燥且天空晴朗。相反，寒流的存在将部分亚热带沙漠变成较冷、湿润，且常被雾气环绕的地方。

> **你知道吗？**
>
> 阿塔卡马沙漠是世界上最干燥的沙漠。在该沙漠的许多地方，每隔几年才会出现可测量的降水。在智利与秘鲁接壤的沿海城市阿里卡，其平均年降水量只有0.05厘米。在更靠近内陆的地区，一些气象站从未有过降水记录。阿塔卡马沙漠极端干旱的部分原因是秘鲁寒流会流经这里。

Q2 在深海中，海水如何运动？

前文主要讨论了表层海水的水平运动，但海洋的运动并不仅限于此。接下来，你将了解海洋也会呈现显著的垂直运动和缓慢、多层次的深海环流。一些垂直运动与风力驱动的表层洋流有关，而深海环流则受密度差异的强烈影响。这也使海洋能够将营养物质输送至更大范围，维持海洋生物的生存和繁殖、气候的稳定，从而平衡海洋生态系统。

沿岸上升流

风除了能产生表层洋流，还能导致垂直方向上的海水运动。上升流，即海洋深层的较冷海水上涌至海洋表层形成的洋流，是一种常见的在风的作用下形成的海水垂直运动。沿岸上升流是上升流的一种，它在大陆西海岸最为常见，尤其是在美国加利福尼亚州、南美洲西部和非洲西部的沿岸地区。

　　当风吹向赤道并与海岸平行时，这些地区就会产生沿岸上升流（见图 5-4）。在沿岸风和科里奥利效应的共同作用下，表层海水向离岸方向运动，它原本的位置就会被从深层上涌的海水所填充。从 50 ～ 300 米深的区域缓慢上涌的海水，比原本的表层海水冷，从而导致海岸附近的表层海水温度有所下降。

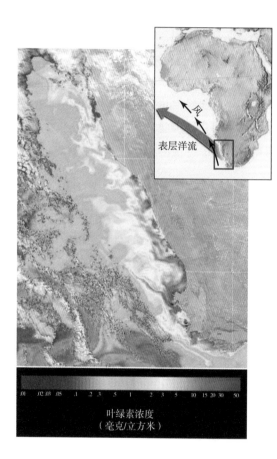

图 5-4　沿岸上升流

沿岸上升流发生在大陆的西海岸，该区域的风吹向赤道且平行于海岸。科里奥利效应（在南半球向左偏转）使得表层海水离岸流动，从而使富含养分的较冷海水上涌至表面。这幅卫星图显示了非洲西南海岸的叶绿素浓度分布（2001 年 2 月 21 日）。卫星搭载的某种特定仪器可以监测由叶绿素浓度变化引起的海水颜色变化。高叶绿素浓度说明光合作用强烈，这与上升流带来的养分有关。图中，红色表示浓度较高，蓝色表示浓度较低。

　　上升流为海面带来了浓度更高的溶解物质，比如硝酸盐和磷酸盐。这些来自深层且富含养分的水体促进了微小浮游生物的生长，进而为大量鱼类及其他海洋生物提供了营养供给。图 5-4 中的卫星图像显示，非洲西南部的沿岸上升流使当地的渔业资源极为丰富。

深海环流

在海洋中，存在着一条"深海通道"，将全球多个大洋联动起来，它就是深海环流。

深海环流有非常显著的垂直运动，从而使得深海水体得以完全混合。深海环流的成因是水体的密度差异，密度较大的海水会下沉，并在海面下逐渐扩散。由于驱动深海环流的密度差异源自海水温度和盐度的差异，所以深海环流也被称为热盐环流。

参与深海环流（热盐环流）的海水主要来自高纬度区域的海面。高纬度区域表层海水的温度较低，在海水结冰过程中，盐分并不会成为冰的一部分，这就导致剩下海水的盐度（及密度）上升。当表层海水密度足够大时，它便会下沉并引发深海洋流。一旦海水下沉开始，导致其密度增加的物理过程便会停止，故当海水向深海运动时，其温度和盐度基本保持不变（见图 5-5）。

图 5-5　阿拉斯加半岛巴罗附近的海冰

海冰的形成和融化会影响海水的密度。

资料来源：Michael Collier。

　　南极洲附近的海面环境造就了世界上密度最大的海水。这些寒冷的高盐度海水缓慢下沉至海底，并以速度缓慢的洋流的形式流经整个洋盆。这些海水在从表面下沉后，平均 500 ～ 2 000 年内都不会再出现在海面。

　　我们可以把大洋环流模型类比为一个传送带，大洋环流始于大西洋，绕经印度洋和太平洋然后折返，回到大西洋（见图 5-6）。在此模型中，海洋上层的温暖海水向极地流动，变为高密度海水，随后又变成深层的冷水流回赤道，最终上涌完成环流。这条"传送带"经过世界各地，通过将温暖的海水转化为冷水并向大气释放热量的方式，影响着全球的气候。

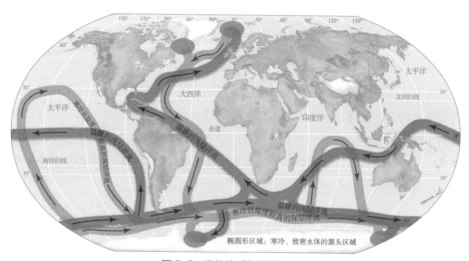

图 5-6　理想的"传送带"环流

深层海水（紫色椭圆形）源自高纬度地区，那里的海水表层温度低，因此密度更大并向下沉降。这些源头区域不断提供深层的高密度水流（蓝色带），它们缓慢地漂过所有海洋。在局部区域，深层海水会以上升流的形式返回海面。在整个洋盆中，深层海水也会以逐渐的、均匀的上升流形式返回海面。表层洋流（红色带）通过将海水输送回源头区域，完成整个传输过程。

Q3　海岸线会发生怎样的变化？

　　海岸线是陆地和海洋接触的标志，是二者之间的分界线。随着潮涨潮落，海平面在较长的时间跨度内上升或下降，这也令海岸线每天都处于一个不断变化的过程中。因此，海岸线应是无数条海陆分界线的集合，它并非一条固定的线，而是呈条带状，并构成了大陆和海洋交汇的动态环境。在较长的时间跨度内，随着海平面的上升或下降，海岸线的平均位置逐渐改变。海岸线区域是大陆和海洋过程交汇的动态界面。海岸线的地形、地质构成和气候因地理位置而异。海岸线周围的沉积物是海洋环境向大陆环境的过渡地带。

动态界面

作为空气、陆地与海洋交汇的动态界面，没有什么地方比海岸区域更能展现海水永不停歇的特性了。界面是指一个系统中不同部分相互作用的公共边界。对于海岸地区，"界面"的确是一个恰当的称呼。在这里，我们可以看到潮汐有规律地涨落，人们可以观察到海浪的翻滚和破碎。虽然并不明显，但海浪的确在不断改变着海岸线。汹涌的海浪侵蚀着陆地，波浪活动也可以使沉积物运离海岸，或使其沿着海岸移动。这种波浪活动有时还会制造出狭窄的沙洲和不牢固的离岸岛屿，这些地貌的大小和形状经常随着风暴的来去而变化。

现代海岸线。现代海岸线的特性并非只由海水持续冲击陆地所造就。海岸地区复杂的特性是多种地质过程共同作用的结果。例如，几乎所有海岸地区都受到了末次冰期冰川融化造成的全球性海平面上升的影响。随着海洋不断侵占陆地，海岸线不断后退，覆盖在原来的陆地景观之上，这些景观是河流侵蚀、冰川活动、火山活动以及造山运动等地质过程的产物。

> ◁ 你知道吗？▷
>
> 据联合国统计，全世界10% 以上的人口居住在海拔10 米以下的沿海地区，并且这些地区的人口增长速度正在加快。到 2060 年，估计将有 10亿人居住在这些低洼地区。大量人口在如此靠近海岸的地方聚集，使数亿人随时面临飓风和海啸等海岸灾害的危险。

　　人类活动。如今，海岸地区正经受着密集的人类活动的影响（见图 5-7）。人们常常将海岸线视为一个稳定的平台，在上面可以安全地建造建筑，然而事实并非如此。许多海岸地貌相对来说比较脆弱，不适合建造建筑，特别是海滩和障壁岛。图 5-8 中的新泽西州海岸线就是一个很好的例子。

　　2012 年，飓风"桑迪"在新泽西州海岸登陆，导致数十万户断电，受灾严重。其中，新泽西州霍博肯市一半淹没在水下，新泽西北部至少 4 个城镇因溃堤而被淹。值得注意的是，在未来几年里，人类活动造成的全球气候变暖将导致海平面上升，海岸地貌将更加脆弱。

图 5-7　摇摇欲坠的边缘

2016 年 1 月，风暴浪引起的陡壁坍毁导致加利福尼亚州帕西菲克的这些公寓摇摇欲坠。这些公寓建成于 20 世纪 70 年代，当时它们都远离悬崖。多年来，人们尝试了好几种措施来减缓海水对砂岩悬崖的侵蚀。但事实证明，这些努力很不如人意。资料来源：Terry Chea/AP Images。

图 5-8　飓风"桑迪"

2012 年 10 月下旬，在民间被称为超级风暴"桑迪"的飓风，在纽约市南部登陆后不久，新泽西州的部分海岸线出现了后退。强大的飓风造成了这般破坏性的景象。大多数海滨地区经济发展较快。人类占地的想法与海岸沙滩的快速变化往往会形成矛盾。后文将介绍更多有关飓风及其危害的内容。资料来源：Mario Tama/Getty Images。

海浪

　　海浪沿着海洋与大气的界面移动，它们可以将风暴的能量带到数千千米远的海上。这就是为什么即使在风平浪静的日子里，海洋表面仍然会有波浪涌过。当观察波浪时，你其实是在观察能量通过介质（水）的传播过程。当你向池塘中扔一块鹅卵石、在水池中嬉戏或是朝咖啡轻轻吹气,从而制造出波浪效果时,你其实都是在向水中传递能量,而你看见的水波,便是能量传播的视觉证据。

风制造的波浪提供了塑造与改变海岸线的大部分能量。在陆地与海洋的交界处,可能已经毫无阻碍地传播了成百上千千米的波浪突然遇到了障碍,无法继续前行,波浪的能量也被吸收了。换句话说,在海岸上,一种几乎无法遏制的力遇上了一个几乎无法移动的物体。这便导致了两者永不停息,有时甚至十分剧烈的交锋。

波浪的特性

大多数波浪的运动和能量来自风。若风速小于 3 千米 / 时,则海面只会出现较小的涟漪;而在风速较大时,海面上将形成明显且持续的波浪。

图 5-9 用一个简单而不间断的波形展示了波浪的特性。波浪的顶端被称为波峰,波峰之间的部分是波谷。波峰与波谷的中点被称为静水位,即不存在波浪时海面的高度。波峰与波谷的垂直距离被称为波高,相邻波峰或相邻波谷间的水平距离被称为波长。一个完整的波浪(一个波长)通过某个固定点所用的时间就是波的周期。

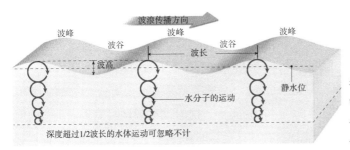

图 5-9 波浪的基本构成

这是一个理想的连续波浪的示意图,展示了波浪的基本组成部分及海水随深度变化的运动方式。

波浪最终稳定时的波高、波长与周期由三个因素决定:风速、风的吹动时间,以及风区,即开阔水域中风吹过的距离。随着风传递给水的能量不断增加,波浪的高度（简称波高）与坡度将不断增大。最终，当波高达到一个临界点时，波浪将会因过高而崩塌，从而产生被称为白浪的波浪。白浪是一种危险的波浪，通常在海面出现 7 级、8 级大风后形成，对船只的行驶和船员的安全都会产生影响。

在特定的风速下，当风区与吹动时间达到最大值时，波浪的大小将不再增加。此时，我们称波浪达到了"完全发育状态"。波浪之所以无法继续增加，是因为此时波浪消耗的能量与风输入的能量达到了平衡。

当风停止吹动或改变方向，或波浪离开了孕育它们的风暴区时，波浪会继续前行，但不再受局部风的影响。波浪也会逐渐转变为涌浪，即波高较低、波长较长的波浪，并且可能把风暴的能量带到遥远的海岸。由于多个互相独立的波浪系统同时存在，故海洋表面会表现出复杂而没有规律的波动模式。从海岸上看到的海浪通常是由遥远风暴产生的涌浪和局部风产生的波浪的叠加。

圆形轨道运动

波浪可以在洋盆中传播十分遥远的距离。在一项研究中，人们追踪了一些形成于南极洲附近的波浪，它们穿越了太平洋洋盆。在耗时一周、传播了超过 10 000 千米后，这些波浪最终在阿拉斯加州的阿留申群岛耗尽了能量。水体本身并不能传播如此远的距离，但波形可以。随着波浪的传播，水体利用持续的圆周运动传输能量。这种运动被称为圆形轨道运动。

观察水上的漂浮物可以发现，漂浮物不仅发生上下运动，还会随着每一个连续的波浪略微地前后移动。图 5-10 展示了一艘玩具船在波浪通过过程中的运动：随着波峰的来临玩具船发生向上、向后运动，随着波峰的经过发生向上、向前运动，随着波峰的离去发生向下、向前运动，随着波谷的到来发生向下、向后运动，然后随着下一个波峰的到来而再次向上、向后运动。我们可以发现，船的运动轨迹是一个圆，最终大致回到原处。圆形轨道运动的特性使得一个波形（波的形状）可以穿过水体向前运动，同时使传输波浪的水体沿圆形轨道运动。这就如同风吹过麦田时的景象：麦子本身并不在田野中传播，而麦浪能够传播。

　　风能赋予水体的能量并不仅仅沿着海面传播，也在水下传播。不过，在海面以下的圆形轨道运动会迅速减弱，当达到静水位以下1/2波长深度时，水体的运动就可以忽略不计了。这一深度被称为浪基。图5-9中水体轨道直径的快速衰减说明了波浪的能量随着深度增大而急剧减小。

碎波带中的波浪

　　只要波浪还处于深水中，它就不会受深度的影响（见图5-11左侧部分）。然而，当波浪到达海岸时，水体便会变浅并影响波浪的行为。当深度等于浪基时，波浪便开始"触底"。这样的深度将干扰波浪底部水流的运动，并减慢其速度（见图5-11中间部分）。

　　当波浪到达海岸时，后方较快的波浪将会追上前方的波浪，从而使波浪的波长减小。随着波速与波长的下降，波浪的高度将稳定提升。最终，当波高达到临界点时，波形就会因过于陡峭而难以稳定，从而向前坍塌，或者说破碎（见图5-11右侧部分），使得海水能够进一步向海岸处前进。

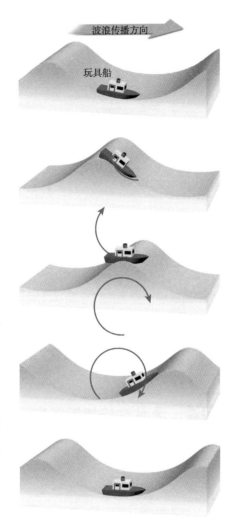

图 5-10　波浪的运动轨迹

图中玩具船的运动表明，波形在向前推进，但水体并没有明显地从原来的位置向前推进。在这个过程中，随着船（和浮起它的水）在一个假想的圆圈中旋转，波浪从左向右运动。

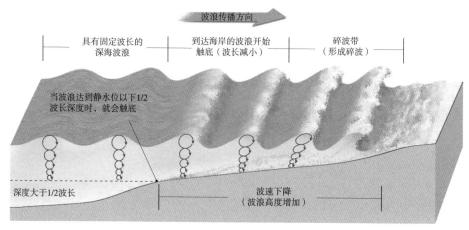

图 5-11　到达海岸的波浪

当深度小于 1/2 波长的一半时，波浪便会触底。这会使波浪速度减小，后方的波浪追上前方的波浪，从而导致波长减小。这将导致波浪高度增加，直到波浪最终向前倾斜并在碎波带中破碎。

由破裂的波浪所产生的湍流被称为碎波。在碎波带与陆地交界的边缘，由崩塌的碎波形成的汹涌水流被称为冲流，冲流会沿着海滩的斜坡向上移动。当冲流的能量完全耗尽时，水流便会以回流的方式向下流回碎波带。

Q4　为什么海滩不一定有沙子？

在佛罗里达州南部这样的地区，附近没有山脉或造岩矿物的其他来源，因此大多数海滩主要由贝壳碎片和生活在沿海水域的生物遗骸组成（见图 5-12a）。在辽阔海洋中的火山岛上，一些海滩则由构成岛屿的玄武岩熔岩的风化颗粒组成，或者是由许多热带岛屿周围形成的珊瑚礁被侵蚀后的粗碎屑组成（见图 5-12b）。可以说，海滩的风景千姿百态，而这些风景有赖于海滩和海岸不同的形成过程。

对很多人来说，海滩就是可以晒太阳或者沿着海边散步的沙地。从专业角度来看，海滩是指在潮间带，由波浪作用形成的向海平缓倾斜的砂砾质堆积物。沿着笔直的海岸，海滩可能绵延数十千米或数百千米。在海岸线不规则的地方，可能只有在海湾中相对平静的水域才会形成海滩。

位于佛罗里达州萨尼贝尔岛的沙滩由贝壳和贝壳碎片组成。

（a）

夏威夷岛海滩上的黑色砂粒与附近玄武岩熔岩流的风化作用有关。

（b）

图 5-12　海滩

海滩是海洋在陆地与海洋的交界处的沉积物，可以将其视作沿海岸运输的物质。海滩可由附近任何物质组成。

资料来源：图 A，David R. Frazier/ Photolibrary/Alamy Stock Photo。

海滩可以由当地任何丰富的物质组成。有些海滩的沉积物来自邻近的悬崖或附近沿海山脉的侵蚀产物，还有些海滩由河流输送到海岸的沉积物堆积而成。虽然许多海滩的矿物组成以耐风化的石英颗粒为主，但其他矿物也可能成为其主要成分。

抛开海滩的成分不谈，构成海滩的物质也不会一直停留在一个地方；相反，它们会在汹涌的波浪的推动下不断移动。因此，海滩可以被视作沿着海岸线运输物质的驿站。

波浪侵蚀

无风时，海面平静。然而，正如同河流在洪水泛滥时才展现出破坏力一样，波浪造成的大部分影响在风暴期间才得以展现。高能量的巨大波浪会对海岸造成巨大的冲击。每个碎波都可能将上千吨海水拍向陆地，有时甚至能使大地晃动。毫无疑问，悬崖和海岸建筑在这样巨大的冲击力作用下将很快出现裂缝并坍塌（见图 5-13）。水顺势进入裂缝，裂缝中的空气在波浪的冲击下发生高度压缩。当波浪平息时，裂缝中的空气又迅速膨胀，使岩石碎屑松动，从而使裂缝增大。

图 5-13　葡萄牙海岸的风暴潮

当巨大的波浪拍击海岸时，海水展现出强大的力量，随之而来的侵蚀作用也非常强烈。

资料来源：Zacarias Pereira da Mata/Alamy Stock Photo。

除由波浪冲击和压力造成的侵蚀外，磨蚀作用，即含有岩石碎屑的水对物体的切割和研磨作用，也对海岸产生了非常重要的影响。事实上，碎波带中的磨蚀作用更为强烈。海岸上光滑的椭圆形石头与鹅卵石，便是碎波带中岩石与岩石无休止的磨圆作用的证据（见图 5-14）。在出现悬崖的地方，波浪利用岩石碎片作为水平切入地面的"工具"，在悬崖底部制造了一个缺口（见图 5-15a）。随着缺口上方的岩石坍塌，悬崖向后退去（见图 5-15b）。

图 5-14 基岩海岸

在加利福尼亚州索伯拉内斯岬角的近景照片中，光滑、磨圆的岩石很明显在告诉我们，海岸上的磨损情况很严重。

资料来源：Jamie Pham/ Zoonar/ AGE Fotostock。

波浪下切悬崖

悬崖的初始位置

加拿大不列颠哥伦比亚省加布里奥拉岛的这个砂岩悬崖底部被海浪切割侵蚀。

（a）　　　　　　（b）

图 5-15 悬崖的后退

携带岩屑的碎波可以发挥巨大的侵蚀效应。

资料来源：图（a），Fletcher/ Baylis/Science Source。

海滩上砂粒的运动

波浪的出现，使海滩上的砂粒也发生了运动。碎波产生的能量可以使海滩表面和碎波带中的大量砂粒沿着大致与海岸线平行的方向移动。波浪能也会使砂粒垂直于（朝向或远离）海岸线移动。

垂直于海岸线的运动。如果你站在海滩上，脚踝浸没在海水中，你会发现冲流和回流使砂粒不断朝向又背离海岸线运动。砂粒总量是流失还是增多取决于波浪活动的强度。当波浪的强度相对较弱时（能量较低的波浪），大部分冲流将渗透进入海滩，造成了回流的减少。因为冲流的数量比回流的数量多，所以砂粒的净位移朝向海滩面。

当波浪能量较高时，先前的波浪已使海滩达到饱和状态，所以冲流下渗的水较少。这使得回流较强，因此海滩会受到侵蚀，致使砂粒的净位移朝向开阔水域。

对于大多数海滩，夏季的波浪能量往往较低，因此将逐渐形成较宽的沙滩。在风暴频繁且威力更大的冬季，剧烈的波浪活动侵蚀海滩，使其变窄。一个经过数月才形成的较宽海滩，在冬季强风暴产生的高能波浪作用下，可能在几小时内就会大幅度变窄。

波浪折射。当我们坐船时，往往会发现在进入港口或码头时，船会显得更为摇晃，有时我们在做冲浪、帆板等水上运动时，进入浅水区时也会更不易把握平衡，这背后实际有波浪折射的影响。波浪折射影响了能量在海岸的分布，因此对侵蚀发生的地点和程度、沉积物搬运以及沉积发生的地点影响极大。

波浪折射指的是波浪的弯曲，逐渐靠岸的波浪很少与海岸线完全平行。大多数波浪以一定的角度朝向海岸运动。不过，当波浪到达具有平缓斜坡的浅水区时，波峰会发生弯曲并倾向于与海岸平行。波浪之所以弯曲，是因为最靠近海岸的那部分波浪最先接触水底并减速，而仍在深水中的那部分波浪则继续全速前进。最终的结果是，不管波浪的最初方向如何，它最终都可能与海岸近乎平行。

由于波浪折射的存在，波浪的能量集中在了岬角的两侧与末端，而海湾中波浪的能量遭到了削弱。图 5-16 展示了这种沿不规则海岸线的差异性波浪作用。相比于海湾，波浪在岬角前端更先到达浅水区，所以波浪的弯曲会使它与这块突出的陆地更加平行，并从三个方向侵蚀岬角。相反，海湾处的折射造成了波浪的离散，从而耗散了小部分能量。在波浪活动被削弱的地区，沉积物更容易堆积并形成海滩。长此以往，岬角的侵蚀和海湾的沉积会使不规则的海岸线逐渐变直。

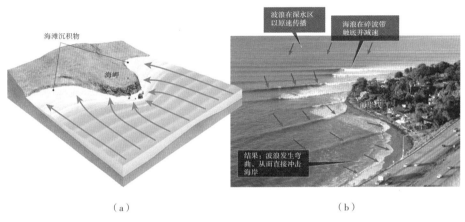

（a）　　　　　　　　　　　　（b）

图 5-16　波浪折射

当波浪在不规则海岸的浅水区触底时，波浪的速度减慢；接着会发生弯曲（折射），几乎与海岸线平行。图（a），当这些波浪接近直线时，折射作用使得波浪的能量在海岬处集中（从而导致侵蚀），在海湾处分散（从而导致沉积）。图（b），加利福尼亚州林孔海岬的波浪折射。

资料来源：Rich Reid Photography。

沿岸运输。虽然波浪会发生折射，但大多数仍然以小角度流向海岸。这便使得碎波产生的冲流与海岸线形成很小的斜角。然而，回流是径直从滩面流下的。这种水流运动模式使沉积物以锯齿状路径在海滩上运输（见图 5-17）。

这样的运动被称作为沿滩漂移，它可以在一天中使砂粒与卵石发生数百米甚至上千米的运动。不过，移动速度通常为每天 5 ～ 10 米。

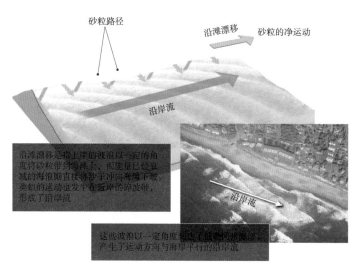

图 5-17　沿岸运输系统

这一运输系统由两个部分组成，分别是沿滩漂移和沿岸流，它们是由以一定
角度到达海岸线的碎波产生的。这些过程使大量物质沿着海滩和碎波带移动。
资料来源：Marli Miller。

　　以一定角度到达海岸的波浪也会在碎波带中制造平行于海岸的水流，它们运
输的沉积物远多于沿滩漂移（见图 5-17）。由于碎波带中的水流较为湍急，这种沿
岸流能够轻易地使细小的悬浮砂、较粗
的滚动砂与砾石沿着底部移动。沿岸流
与沿滩漂移所运送的沉积物总量巨大。

　　河流与海岸地区的水与沉积物都会
从一处（上游）移动至另一处（下游）。
这就是海滩常被称为"沙河"的原因。
然而，沿滩漂移和沿岸流沿锯齿状路径
移动，而河流则主要以紊流和涡流的方
式流动。此外，沿岸流沿着海岸流动的
方向可能会改变，而河流朝总是向固定

你知道吗？

　　离岸流是一种强烈、狭窄
的表面洋流或近表层洋流，经
过碎波带流向海洋，角度几乎
与海岸垂直。它们代表着在岸
上堆积的涌入海水的回流，速
度可以达到 7 ～ 8 千米 / 时。
因为离岸流比大多数人游泳的
速度更快，所以对游泳者构成
了危险。如果遇到离岸流，你
应该朝着与海岸平行的方向游
动，直到脱离离岸流为止。

方向运动（向下坡处流动）。由于波浪靠近海滩的方向是季节性变化的，所以沿岸流也会改变方向。然而，在美国的大西洋和太平洋沿岸地区，沿岸流总体来说是向南流动的。

Q5 海岸地貌为何千姿百态?

我们可以在世界各地的沿海地区看到各种迷人的海岸地貌组合。比如有着"海底热带雨林"之称的大堡礁、拥有壮观冰川和黑色沙滩的冰岛南岸，以及挪威那些高山与海洋相映成趣的峡湾……虽然每个海岸都会受到类似的作用，如侵蚀、冲击等，但之所以会形成不同的地貌，是因为过程间的相互作用以及每个过程的重要程度存在差异，这取决于海岸的局部因素。这些因素包括：海岸距离夹带泥沙的河流的远近，构造运动的剧烈程度，陆地的地形和成分，盛行风和天气模式，海岸线和近岸区的布局。主要由侵蚀产生的地貌叫作侵蚀地貌，由沉积物堆积形成的地貌叫作沉积地貌。在本章中，我们将深入了解这两种地貌，探索它们的形成过程。

侵蚀地貌

许多海岸地貌最初都是由侵蚀过程产生的。在美国，这种侵蚀地貌一般出现在崎岖蜿蜒的新英格兰地区的海岸和陡峭的西海岸。

波切崖、波切台地和海岸阶地。 顾名思义，波切崖是由于波浪不断切割海岸地区的基底而形成的（见图 5-15）。在侵蚀过程中，悬崖底部缺口上方的岩石崩塌入海，导致悬崖后退。于是

> **你知道吗?**
>
> 沿着由松散物质而不是坚固岩石组成的海岸线，碎波的侵蚀速度可能非常快。在英国的部分地区，波浪很容易侵蚀由砂粒、砾石和黏土组成的冰川沉积物，自古罗马时代以来，这片海岸已经因侵蚀而后退了 3～5 千米，许多古老的村庄和地标被冲走了。

后退的悬崖便在原地留下了一个相对平坦、类似于沙滩的平面，被称为波切台地。波浪的冲刷令波切台地不断变宽。碎波所产生的一部分岩石碎屑留在海边，成为海滩沉积物，剩下的部分将被进一步搬运至海洋中。如果波切台地由于构造运动被抬升至海平面以上，则会形成海岸阶地（见图 5-18）。

图 5-18　波切台地和海岸阶地

在低潮时，这个波切台地出露在新西兰凯库拉海岸附近。波切台地抬升后形成了海岸阶地。

资料来源：Marli Miller。

　　海蚀拱与海蚀柱。由于折射作用，波浪会猛烈侵蚀伸入海中的岬角。波浪对岩石的侵蚀具有选择性，较柔软或破碎得更严重的岩石被侵蚀得最快。起初，波浪会产生海蚀穴，这是一种在海岸线附近出现的凹槽形海岸。当岬角两侧的海蚀穴连通时，便形成了海蚀拱，形似拱桥，也有人认为其形态类似于从陆地向海洋延展而出的象鼻。最终，海蚀拱也因遭到侵蚀而坍塌，其剩余部分便孤独地屹立在波切台地上，形成海蚀柱（见图 5-19）。随着

图 5-19　海蚀拱和海蚀柱

葡萄牙海岸的这些地貌是波浪猛烈冲刷的结果。

资料来源：Mikehoward 1/Alamy Stock Photo。

时间的推移，海蚀柱也终将被波浪所吞噬。

沉积地貌

除了侵蚀地貌，来自海滩或近岸浅水区海底的沉积物可以形成各式各样的沉积地貌，比如沙洲、海滨、障壁岛等。

沙嘴、沙坝和连岛沙洲。在沿滩漂移与沿岸流活跃的地区，可能会形成与沉积物沿岸运动有关的地貌。沙嘴是指从陆地延伸至邻近海湾入口的细长沙脊。它在水中的末端通常会因为沿岸流的主导方向而向陆地弯曲（见图5-20）。湾口沙坝是指一个完全穿过海湾，将海湾与海洋分隔开的沙坝。在水流较弱的海湾处，沙嘴更易向水流方向的相反方向延伸，因此湾口沙坝通常形成于这种海湾（见图5-20a）。连岛沙洲指的是连接岛屿与大陆或岛屿与岛屿的沙脊，其形成方式与沙嘴相似。

（a）

普罗温斯敦沙嘴

（b）

图5-20 马萨诸塞州的海岸

图（a），玛莎葡萄园岛沿岸高度发育的沙嘴和湾口沙坝的航拍图。图（b），国际空间站拍摄的科德角尖端的普罗温斯敦沙嘴。

资料来源：图（a），ASCS/USDA；图（b），NASA。

　　障壁岛。大西洋与墨西哥湾的沿海平原相对平缓，向海面缓慢倾斜。海岸地区的特点是形成了很多障壁岛。从马萨诸州的科德角到得克萨斯州的帕德瑞岛，共有近 300 个障壁岛围绕着海岸（见图 5-21）。

图 5-21　障壁岛

墨西哥湾和大西洋海岸边缘有大约 300 个障壁岛。北卡罗来纳州海岸的岛屿就是这类岛屿的最佳示例。这张照片的视角朝向西南方向。

资料来源：Michael Collier。

　　障壁岛是平行于海岸的较低沙脊，与海岸的距离为 3 ～ 30 千米。大多数障壁岛宽 1 ～ 5 千米，长 15 ～ 30 千米。障壁岛上海拔最高的地貌为沙丘，沙丘的高度通常为 5 ～ 10 米。将这些狭窄的障壁岛与海岸隔开的潟湖是一片相对平静的水域，它使得来往于纽约和佛罗里达州北部的小船能够避开北大西洋的汹涌波涛。

　　随着时间的推移，许多潟湖逐渐被来自大陆河流的沉积物、邻近障壁岛的风积沙和潮汐沉积物（如果潟湖有一个开口连通海洋的话）填满。除非猛烈的潮汐流能通过潮汐入海口将潟湖沉积物冲向海洋，否则许多潟湖会慢慢变成沿海沼泽。

　　障壁岛有多种形成方式。一些障壁岛最初是以沙嘴的形式出现，由于波浪的不断侵蚀或末次冰期冰川融化引起的海平面上升，沙嘴与大陆分离。另一些障壁岛可能是由汹涌的波浪从海底冲刷出来的沙子堆积而成的。还有些障壁岛可能是在末次冰期海平面较低时沿海岸形成的沙脊。随着冰盖融化，海平面上升，海水淹没了海滩－沙丘复合区后面的区域。

演变的海滨

　　海滨是我们较为熟悉的海岸地貌之一，有不少海滨成了人们休闲娱乐的天堂。但无论海滨的初始布局是怎样的，它都会持续演变。起初，大多数海岸线是不规则的，这种不规则的程度和原因可能因地而异，但经过波浪的冲击，可能会增加它的不规则性，因为比起较坚硬的岩石，波浪更容易侵蚀较脆弱的岩石。然而，如果海岸线保持稳定，那么海洋的侵蚀与沉积最终会创造一个更加平直、规则的海岸。

　　图 5-22 展示了一个最初不规则的海岸的演变过程。随着波浪侵蚀岬角，形成陡崖和波切台地，沉积物沿着海滨搬运并形成沙嘴和湾口沙坝。同时，河流将沉积物填满海湾。最终，这些过程便形成了一个平直光滑的海岸。

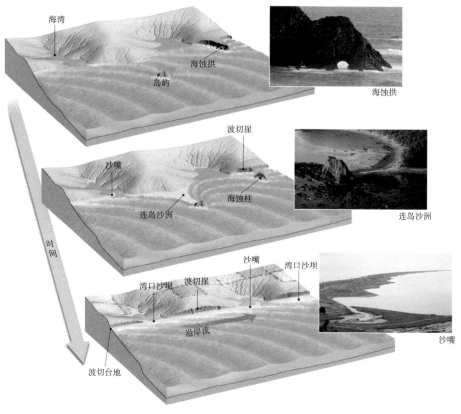

图 5-22　演变的海岸

这些图片说明，随着时间的推移，沿着最初不规则但保持相对稳定的海岸线可能发生的变化，展示了波浪形成的多种海岸地貌。

资料来源：中间图片来自 Michael Collier。

Q6　海岸的上升和下沉会产生哪些影响？

在前文中，我们已经得知海岸在一系列作用下，会因地而异发生变化。为了更为直观地了解变化的过程，我们将以美国海岸作为案例，对比其不同区域的海岸有哪些差异。如今，美国太平洋沿岸的海岸线与大西洋沿岸、墨西哥湾沿岸地区的海岸线有明显不同。其中一部分差异与板块构造有关。美国西海岸是北美洲板块的前缘，因此抬升与变形活动频繁；与之相反，美国东海岸远离活跃的板块边缘，构造上相对稳定。由于这一基本的地质差别，美国东海岸和西海岸的海岸线侵蚀问题的根本原因具有一定差异。

海岸分类

海岸线的多样性表明海岸具有较高的复杂性。事实上，为了研究某个海岸，我们需要考虑很多因素，包括岩石种类、波浪的大小与方向、风暴频率、潮汐范围、近海地形等。此外，根据前文内容可知，几乎所有沿海地区都受到了更新世末次冰期冰川融化、全球海平面上升的影响。我们还必须考虑构造事件导致的陆地升降或洋盆体积的变化。影响沿海地区的诸多因素使得海岸线的分类十分困难。

许多地质学家根据海岸相对海平面所发生的变化对海岸进行分类。这一常用的分类系统将海岸分为两大类：上升海岸与下沉海岸。上升海岸的形成是因为陆地抬升或海平面下降。下沉海岸的形成是由于海平面上升或陆地下沉。

上升海岸。某些地区的海岸明显处于上升趋势，因为陆地的抬升或海平面的下降使得波切崖和海岸阶地暴露在了海平面以上（见图 5-18）。在美国，加利福尼亚州沿海的一些地区在最近的地质年代发生抬升便是极好的案例。在加利福尼亚州洛杉矶南部的帕洛斯弗迪斯山，存在着 7 个不同高度的阶地，表明它至少经历过 7 次抬升。如今，永不休止的波浪正在悬崖底部切削一个新的台地。如果陆地继续抬升，这个台地将变成新的海岸阶地。

其他上升海岸的例子包括曾被厚冰盖覆盖的区域。当冰川存在时，巨大的重力使地壳下沉，当冰川融化后，地壳便开始逐渐反弹。这使过去的海岸地貌现在高于海平面。加拿大的哈德孙湾地区就是一个很好的例子，部分地区现在仍以每年超过 1 厘米的速度抬升。

下沉海岸。不同于先前的例子，还有一些海岸处于明显的下降之中。因为海水通常会淹没汇入海洋的河谷下游，因此近期被淹没的海岸通常是高度不规则的。然而，分隔山谷的山脊仍高于海平面，并成为岬角伸入海洋。这些被淹没的河流的入海区域被称为河口，它们是许多现代海岸的典型特征。大西洋沿岸的切萨皮克湾与特拉华湾就是海岸下沉形成大型河口的例子（见图 5-23），它们都曾经是淡水河流的入海口，但由于地壳沉降和海平面上升的影响，逐渐被海水淹没，形成了现今的下沉海口。此外，缅因州的海岸风景如画，阿卡迪亚国家公园附近的海岸风景更是美不胜收，它们都被末次冰期结束后上升的海平面所覆盖，从而形成的高度不规则的下沉海岸。

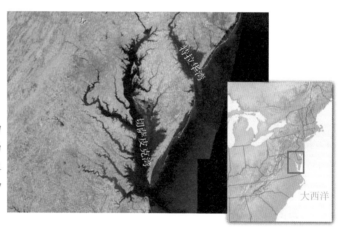

图 5-23 东海岸的河口

许多河谷的最低处被第四纪冰期结束后上升的海面所淹没，从而产生了巨大的河口，如切萨皮克湾和特拉华湾。

资料来源：NASA。

请注意，大多数海岸的地质历史是十分复杂的。以海平面为基准，许多地区的海岸都在不同时期经历过上升与下沉的交替变化。每次变化后，它们都可能保留上一时期形成的部分地貌。

大西洋与墨西哥湾海岸

大西洋与墨西哥湾海岸的变化主要发生在障壁岛地区。一般来讲，障壁岛由一个宽阔的海滩组成，海滩背面存在沙丘，沼泽、潟湖将其与大陆隔开。由于障壁岛面朝海洋，因此直面大型海洋风暴施加给海岸的全部作用力。当风暴发生时，障壁岛主要通过砂粒的运动吸收波浪的能量。

　　广阔的沙滩和大海使障壁岛成为极具吸引力的开发点。然而不幸的是，人们对障壁岛的开发速度已经超越了对障壁岛动态变化的认知速度，人们多年以前就意识到了这一过程及其带来的危害。图 5-24 显示的哈特拉斯角国家海岸经历的变化佐证了这一观点：

灯塔原先的位置

884米

为了拯救这座著名的条纹灯塔地标，美国国家公园管理局批准迁移灯塔。灯塔迁移耗资1 200万美元，预计可保护灯塔50年以上

图 5-24　哈特拉斯角灯塔的迁移

这座有 21 层楼高的灯塔是美国最高的灯塔，尽管人们尝试过一系列方法让它避免因海岸线后退而遭到破坏，但最后都以失败告终。最终，人们不得不选择将其迁移。

资料来源：Virginian-Pilot, Drew C. Wilson/AP Images；小图，wbritten/Getty Images。

　　波浪可将砂粒从海滩移至离岸区，或者反过来移到沙丘上；波浪也可以侵蚀沙丘，将砂粒沉积在海滩上或带向海洋；波浪还可以将海滩与沙丘上的砂粒冲到障壁岛后方的沼泽中，这一过程被称为越堤冲岸浪（overwash）。在这些过程中，共同因素是砂粒的运动。就像一根柔韧的芦苇可以在摧毁橡树的强风中存活下来一样，障壁岛也可以不被飓风和东北强风摧毁，它依靠的并非顽强的抵抗力，而是风暴出现前砂粒的补给。

当人们将障壁岛开发为住宅或度假胜地时，这种情况就发生了变化。之前在沙丘间隙中自由通行的风暴潮，如今遇上了建筑物与道路。此外，由于障壁岛的动态特性只有在风暴期间才容易被察觉，房主往往将损害归咎于风暴，而不是海岸障壁岛基本的流动性。在房屋财产岌岌可危的情况下，当地居民一般会尝试固定砂粒与控制波浪，而拒不承认自己选址不当[1]。

太平洋沿岸

不同于大西洋与墨西哥湾沿岸宽广、平缓的海岸平原，美国太平洋沿岸大部分地区的海滩相对狭窄，而这些海滩的背后是陡峭的悬崖和山脉。从长期观察中可以得知，美国西海岸边缘比东海岸边缘更崎岖，构造运动更活跃。由于持续抬升，美国西海岸海平面的上升并不明显。然而，正如美国东海岸障壁岛面临的侵蚀问题，美国西海岸的问题大多也源自人类对自然系统的改造。

美国太平洋海岸面临的一个主要问题是许多海滩在显著缩小，这种情况在南加州的部分地区尤为明显。在这些地区，海滩上的沙子主要由河流从山区搬运而来。多年来，人们为了灌溉和防洪，修建了很多水坝，正是这些水坝拦截了原本会为海滩环境提供补给的沙子（见图 5-25）。当海滩变宽时，它可以保护

水坝

图 5-25 帕科依玛水坝和水库

位于洛杉矶附近圣加布里埃尔山脉的帕科依玛水坝拦截了大量沉积物，而这些沉积物原本应成为附近海滩的物质补给。

资料来源：Michael Collier。

---

[1]Frank Lowenstein, "Beaches or Bedrooms—The Choice as Sea Level Rises,"*Oceanus* 28（No. 3, Fall 1985）: p. 22 © Woods Hole Oceano graphic Institute.

身后的悬崖免受风暴的冲击。但如今，波浪无需损耗过多能量就可穿过狭窄的海滩，从而对悬崖造成更严重的侵蚀。

虽然悬崖侵蚀产生的物质可以代替被水坝截住的沙子成为海滩的补给物，但侵蚀过程会危及峭壁上的房屋和公路（见图 5-7）。此外，针对悬崖顶部的开发也加剧了这个问题。城市化增加了地表径流，浇灌草坪和花园会给山坡增加大量的水。这些水渗透到悬崖底部，然后可能会以较小的水流渗出。这一过程降低了边坡的稳定性，从而加剧了陡坡崩塌的可能性。

由于风暴出现的不确定性，在不同年份，美国太平洋沿岸的海岸线侵蚀情况具有较大差异。因此，当罕见而严重的侵蚀发生时，人们往往将损失归咎于突如其来的风暴，而非人类对沿岸地区的开发或修建水坝。由于全球气候变暖，海平面的上升速度越来越快，预计太平洋沿岸许多地区的海岸线侵蚀和海岸边的悬崖后退问题将会加剧。

> **你知道吗?**
>
> 全球气候变化的一个重要影响因素是海平面上升。当这种情况发生时，沿海城市、湿地和低洼岛屿可能会经历更频繁的洪水，海岸线侵蚀也会加剧，盐度较高的海水会倒灌进沿海的河流和含水层。后文将介绍更多关于全球气候变化的内容。

Q7 自然海滩为什么需要人为保护?

与地震、火山爆发、山体滑坡等自然灾害相比，海岸线遭受侵蚀是一个更为连续和可预测的过程，可能只会在有限的区域内造成较小的破坏。但从另一个角度看，海岸线是会因自然作用而快速变化的动态区域。例如，极端的风暴能以远超长期平均水平的速度侵蚀海滩和悬崖。这种加速侵蚀的出现不仅对海岸的自然演变有重大影响，而且会对居住在沿海地区的人们产生深远的影响。

回顾一下图 5-8，我们就能意识到这个事实。海岸线遭受侵蚀给人类造成了重大的财产损失。人类每年都要花费巨资用于修复海岸线遭受侵蚀带来的破坏，以及防止或控制侵蚀。很多地方已经面临着海岸线侵蚀的问题，随着沿海地区大范围开发的持续进行，这一问题将会变得越来越严重。

在过去的 100 年间，人们的生活水平的提高和娱乐需求的增加带动了沿海地区的发展。随着建筑物数量与建筑价值的增加，人们也不断努力加固海岸以保护财产免受风暴摧残带来的损失。同时，在许多沿海地区，控制砂粒的自然迁移也成为人们面临的一项持续挑战。这种人为干预手段可能会造成难以预料且难以逆转的后果。

硬加固建筑

为保护海岸免受侵蚀或防止砂粒迁移而修筑的结构被统称为硬加固建筑。硬加固建筑有多种形式，在产生预期效果的同时经常伴随负面效应。

拦沙坝。 为了维护或加宽正在流失沙子的海滩，人们有时会修筑拦沙坝。拦沙坝是一种垂直于海岸的屏障，可以阻止沙子在与海岸平行方向的运动。这种结构一般非常有效，会使拦沙坝以外的沿岸流基本上不会带走海滩上的沙子。但这样做的结果是，沿岸流会从拦沙坝下游一侧的海滩移走沙子。

为此，拦沙坝下游的居民可能会建造新的拦沙坝。照此发展下去，拦沙坝的数量会越来越多，最终形成拦沙坝田（见图 5-26）。实

图 5-26　拦沙坝

这种像墙一样的建筑可以阻止沙子平行于海岸线移动。这一系列拦沙坝位于英国萨塞克斯的奇切斯特沿岸。

资料来源：Edwin Remsberg/Getty Images。

践证明，很多时候拦沙坝并不是一个令人满意的解决方案，因此它已不再是控制海滩侵蚀的首选方案。

防波堤和海堤。除了垂直于海岸的屏障，硬加固建筑也可平行于海岸建造。防波堤便是其中一种，它的作用是在海岸附近创造一片安静的水域，从而保护船只免于遭遇大型波浪。然而当防波堤建成时，它后方被削弱的波浪活动可能会导致砂粒大量堆积在海岸上。这样一来，船只停泊点最终将被大量的砂粒填满，而下游的海滩则会因侵蚀而后退。在加利福尼亚州圣莫尼卡，人们为解决防波堤引起的这一问题，用挖掘机将沙子从安静水域迁移至下游地区，而下游的沿岸流继续使沙子沿着海岸移动（见图 5-27）。

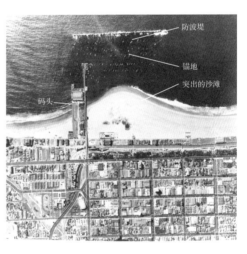

（a）1931年9月圣莫尼卡的海岸线和码头。1933年，人们修筑了防波堤。需要注意的是，码头建在支撑物上，因此不会影响砂粒的沿岸传输

（b）1949年的同一片区域。人们修筑防波堤方便船只停靠，这阻断了砂粒的沿岸传输，使得防波堤背后的波影区沙滩上出现了一个向外的凸起

图 5-27 防波堤

这两张航拍图展示了加利福尼亚州圣莫尼卡的海滩和码头。

图（a），防波堤修筑前；图（b），修筑后。防波堤阻碍了砂粒的沿岸传输，导致沙滩向大海一侧延伸。1983 年，当防波堤被风暴潮摧毁以后，突出的沙滩部分消失了，海岸线又回到了防波堤修筑之前的样子。

资料来源：University of California, Santa Barbara Library。

海堤也一种平行于海岸建造的硬加固建筑，用于保护海岸，避免波浪带来的

经济损失。波浪在开阔的海滩上移动时会耗散大量的能量，而海堤则通过将能量还未耗尽的波浪向大海反射，将能量耗散的过程缩短了。这也导致位于海堤向海一侧的海滩遭受严重的侵蚀，甚至使海滩完全消失（见图 5-28）。随着海滩的宽度减小，海堤遭受的冲刷会越来越强烈。最终，波浪将对海堤造成巨大的破坏甚至使其破裂倒塌。这样一来，人们不得不建造更大、更昂贵的新海堤。

图 5-28　海堤

新泽西州北部的西布赖特曾经有一片广阔的沙滩。后来，人们修建了一座高 5～6 米、长 8 千米的海堤来保护小镇以及将游客运送至海滩上的铁路。海堤建好后，海滩面积大大缩小了。

资料来源：Rafael Macia/Science Source。

如今，沿海修筑临时保护性建筑的思想受到越来越多的质疑。许多海岸科学家和工程师认为，阻止沿海侵蚀的保护性建筑只会使少数人受益，却会对自然海滩以及大多数人的长远利益造成严重损害。

硬加固的替代措施

海滩的硬加固建筑具有多个潜在的缺点，例如巨大成本以及海滩上砂粒的流失。硬加固的替代措施包括人工育滩和改变土地用途。

　　人工育滩。不利用硬加固建筑对海岸进行加固的方法之一就是人工育滩。顾名思义,这一方法涉及将大量沙子堆积到海滩的过程(见图 5-29)。人为使海滩向海的方向延伸可以使沿海建筑不易受风暴的破坏,同时也增强了其娱乐用途。如果没有沙滩,旅游业将遭受重创。

浮水管

挖泥船将沙子运向海滩

倾倒在海滩上的海沙

图 5-29　人工育滩

如果游览大西洋沿岸的海滩,那么你极有可能走到一片由从别处运来的沙子构成的海滩上。在图中,一辆海上挖泥船正将沙子运向海滩。

资料来源:Michael Weber/imagebroker/Alamy Stock Photo。

　　人工育滩的过程十分简单,即从离岸区挖掘沙子,或通过内陆地区运送沙子至海滩。不过,“新”海滩和原有海滩将有所不同。因为补给的沙子来自其他地方,且通常来自非海滩地区,对海滩环境来说是新物质。新的砂粒通常具有不同的大小、形状、分选和组成。这些差异会在海滩的可侵蚀性,以及新海滩支持的生物类型方面出现问题。

　　人工育滩并不能彻底解决海滩面积缩小的问题。一开始导致沙子流失的过程同样会发生在新海滩上。不过,近年来人工育滩项目的数量不断上升,许多海滩,尤其是大西洋沿岸的海滩已多次对沙滩进行了物质补给。人们已经对弗吉尼亚州的弗吉尼亚海滩进行了 50 多次补给。

　　人工育滩的成本较高。例如，对于一个不算大的项目，约 1 千米海岸的维护需要 38 000 立方米沙子。一辆大型卡车可以承载约 7.6 立方米沙子。因此，这个项目需要 5 000 辆卡车的沙子。而多数人工育滩的范围涉及好几英里的海滩。一般来讲，一英里海滩养护的费用可达数百万美元。

　　改变土地用途。前文介绍了修建防沙坝和海堤这类建筑保持海滩，或向遭到剥蚀的海滩运沙以补给沙的流失，下面介绍一种更可行的方法。许多海岸科学家和规划者呼吁从政策上做出改变，将以往保护和重建高危地区的海滩及海岸线财产，转变为重新规划或放弃被风暴破坏的建筑，让大自然重新塑造海滩。

　　2012 年飓风"桑迪"席卷纽约州斯塔滕岛。该州将岛上一些易受灾的海岸地区建成了海滨公园。公园起到缓冲作用，叫以保护内陆的住宅和商业区免受强风暴的影响，同时为社区提供所需的开放空间和娱乐场所。

　　改变土地用途是有争议的举措。支持该措施的人希望通过重建和保护沿海开发项目，使其免受海水侵蚀。然而，一些人认为，随着海平面上升，海岸风暴的冲击将在未来几十年变得更剧烈，易受灾或经常受损的建筑应该被抛弃或重新安置，以提高内陆地区的安全性、降低海岸的维护成本。随着各州和社区对沿海土地利用政策的评估和修订，这类想法无疑将成为许多研究和争论的焦点。

Q8　为什么一天能观察到两次涨潮?

　　人们最早观察到的海水运动，不是波浪，也不是洋流，而是每天都会出现的潮汐（见图 5-30）。潮汐是每日的海面高度变化。尽管在古代，人们便已知道了潮汐的存在，也知道海岸潮汐的周期性升降，但直到牛顿发现了万有引力定律，人们才能合理地解释潮汐现象。

如果在海岸边观察 24 小时，你会发现，地球自转会带你领略高低起伏的水面。当你看见潮汐隆起处时，你将观察到涨潮；当你进入两个隆起之间的区域时，你将观察到落潮。因此，地球上大部分地方在一天之中会经历两次涨潮和两次落潮。

图 5-30 芬迪湾的潮汐

霍尔港的高潮和低潮。该区域以较大的潮差而闻名。

资料来源：Eric Carr/Alamy Stock Photo。

潮汐的成因

在月球的引力作用下，地球靠近月球的一侧的水会隆起。然而，地球背向月球那一侧的水面也存在相同程度的隆起（见图 5-31）。

牛顿发现，地球两侧的潮汐隆起均由引力牵引产生。引力与两个物体间距离的平方成反比，这表明其大小随着距离的增加而快速下降。在潮汐中，这两个物体就是地球和月球。由于引力会随着距离增大而变小，因此月球对地球近端的引力牵引略大于对地球远端的引力牵引。引力的差异对地球的"固体"部分造成的拉伸微乎其微。而海水是能够自由移动的，在差异引力的影响下会产生剧烈的变形，从而在地球两侧引发潮汐隆起。

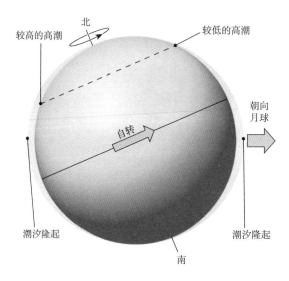

图 5-31　月球引发的理想化潮汐隆起

如果地球被等深度的海水均匀覆盖，则会产生两个潮汐隆起：一个在地球朝向月球的一侧（右），另一个在地球的背月侧（左）。由于月球位置的影响，潮汐隆起的位置可能和赤道面斜交。地球的自转使得观察者在一天内可能观察到两次高度不同的潮汐。

　　由于月球的位置在一天之中基本不变，因此虽然地球地面在自转，但潮汐隆起的位置几乎不变。

　　随着月球以约 29 天的周期绕地球旋转，潮汐隆起的位置也会缓慢推移。这使得每天的潮汐都向后推移约 50 分钟，就像月升的时间也会推后一样。29 天以后，一个周期结束，新的周期开始。

　　许多地区在一天中可能经历的两次不同的涨潮高度。这是因为根据月球位置，潮汐隆起可能会与赤道平面斜交（见图 5-31）。图 5-31 表明，观测者在北半球看到的一次涨潮中潮水的高度可能高于半天后的另一次涨潮中潮水的高度，而在南半球将会观察到相反的现象。

潮汐的月循环

影响潮汐最主要的天体是月球，它约 29.5 天绕地球旋转一周。与此同时，太阳也影响着潮汐。太阳的质量远大于月球，但由于日地距离远大于地月距离，因此太阳对潮汐的影响大大减弱。事实上，太阳对潮汐的影响仅为月球对潮汐影响的约 46%。

在新月与满月时，地球、月球和太阳几乎处于一条直线上，于是它们对潮汐的影响叠加到了一起（见图 5-32a）。月球与太阳引力效应的叠加产生了更大的潮汐隆起（更高的高潮）和更大的潮汐低谷（更低的低潮），从而形成了更大的潮差。这一现象被称为大潮。大潮每月出现两次。在上弦月或下弦月出现时，月球与太阳对地球的引力方向呈直角，这会抵消一部分作用力（见图 5-32b），从而导致潮差变小。这一现象被称为小潮。小潮每月也出现两次。每月都会出现两次大潮和两次小潮，它们的间隔时间约为一周。

上面讨论了潮汐的基本成因和类型。但是请注意，这些只是理

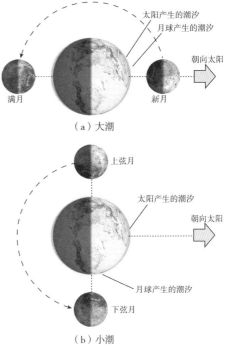

图 5-32 大潮和小潮

地－月－日的位置影响潮汐。图（a），在新月或满月时，月球、太阳产生的潮汐隆起在一条直线上，从而产生更大的潮差。图（b），在上弦月和下弦月时期，月球、太阳产生的潮汐隆起相互垂直，从而使得潮差较小。

> **—• 你知道吗？•—**
>
> 潮汐可以用来发电。在潮差大的沿海地区的海湾口或河口建造大坝，就可以将潮汐利用起来。海湾和开阔的海洋之间狭窄的开口放大了潮汐涨落时水位的变化，强有力的进出水流可以驱动涡轮机。迄今为止建造的最大的潮汐发电站位于韩国沿海。

论，不能用来预测某一特定地点潮汐的实际高度或时间。海岸线的形状、洋盆的结构以及海水深度等诸多因素都会对潮汐产生很大影响。因此，即使受到的引力相同，不同地点形成的潮汐也有所差异。只有通过长时间观测，才可以非常准确地确定某一特定地点的潮汐性质。潮汐表的预测和海图上的潮汐数据就是以这些观测为基础的。

潮流

　　潮流用于描述伴随潮汐涨落而水平流动的水流。潮流在潮汐周期中的一段时间内朝一个方向流动，在其余时间则反向流动。随着潮汐上涨而进入沿海地区的潮流被称为涨潮流。当潮汐下降时，向海流动的水流形成落潮流。水流很小或没有水流的阶段被称为平潮。每当潮流改变方向时，中间都会出现平潮阶段。被潮涨潮落交替影响的平坦区域叫作潮滩（见图 5-33）。根据海岸地带性质的不同，潮滩可能是海滩向海侧的狭长区域，也可能是绵延数千米的宽阔区域。

图 5-33　潮滩

缅因州海岸局部图。图中靠前的棕色泥泞区域被称为潮滩，它受潮流的影响。潮滩在低潮时露出，在高潮时被淹没。

资料来源：Marli Miller。

　　虽然潮流在开阔海域中并不重要，但在海湾、入海口、海峡等狭窄地区可以达到很高的速度。例如，在法国布列塔尼海岸，伴随着高达 12 米高潮的潮流，其速度可达 20 千米 / 时。人们通常并不在意潮流的侵蚀作用与它对沉积物的搬运。但当潮流流经峡湾时，它的影响不容小觑。在这里，潮流会冲刷许多海港

的狭窄通道，冲走很容易封堵通道的
淤积。

借助潮汐的周期性运动，不少海洋
生物会选择在这一时期迁徙，或者寻找
食物或繁殖的场所，在港口和沿海城
市，潮汐的变化可以影响海水的流动和
涨落，从而影响船只的进出。通过了解
潮汐的规律和作用，能有助于我们更好
地利用和保护海洋资源。

> **你知道吗?**
>
> 加拿大新斯科舍省的芬迪
> 湾北端有世界上最大的潮差，
> 约有 17 米。

要点回顾

- 海洋表面的洋流遵循全球主要风带的基本分布模式。表层洋流是缓慢移动的大型环流的一部分，表层洋流的中心在每个洋盆的亚热带地区。大陆的位置与科里奥利效应也会对环流中的海水造成影响。由于科里奥利效应的存在，北半球的亚热带环流沿顺时针方向旋转，而南半球则沿逆时针方向旋转。一般来讲，亚热带环流主要由 4 支洋流组成。

- 洋流对气候有着重要影响。向极地移动的温暖洋流使中纬度地区冬季的温度升高。在中纬度地区，寒流的影响在夏季最为显著；而在赤道地区，寒流全年都对气候有影响。寒流除了能降低温度，还会造成更频繁的雾和旱灾。

- 上升流是深层较冷海水的上涌，它由风的运动引起，能够将富含养分的较冷海水送至表层。沿岸上升流在大陆西岸最为常见。

- 不同于表层洋流，深海环流因重力产生，在密度差异的驱使下运动。温度和盐度是形成高密度水体的两个最关键的因素，因此深海环流常被称作热盐环流。热盐环流中的海水大多源自高纬度地区海面，当海水结冰时，剩余海水的盐度会上升，水体密度增大而下沉，从而引发深海密度流。

- 海岸线是海洋与大陆环境之间的过渡地带。它是一个动态界面，是陆地、海洋和空气相互接触和作用的边界。来自波浪的能量在塑造海岸线的过程中扮演着重要作用，但是，很多因素对特定的海岸线特征的形成有影响。

- 波浪就是运动着的能量，大部分海洋的波浪是由风驱动的。有三个因素会影响波浪的高度、波长和周期：风速、风作用的时间，以及风区（风在开阔海面上经过的距离）。一旦波浪离开风暴区，就被称为涌浪，即波长较长的对称波浪。

- 所有在当地沿海岸运输的物质聚集形成了海滩。

- 在海岸线的塑造过程中，风力驱动形成的波浪提供了大部分能量。每次波浪袭来都能产生巨大的力量。波浪的冲击，加上岩石颗粒研磨而导致的磨蚀作用，使得海岸沿线的物质发生剥蚀。

- 海岸侵蚀地貌包括波切崖（产生于波浪对沿岸陆地基底的切割作用）、波切台地（相对平缓的表面，因悬崖的后退而形成）、海岸阶地（抬升的波切台地）。侵蚀地貌还包括海蚀拱（当岬角被侵蚀，两侧的海蚀穴相连时形成）和海蚀柱（由海蚀拱顶部坍塌形成）。

- 沙嘴（陆地向邻近海湾口延伸的沙脊）、湾口沙坝（完全跨过海湾的沙坝）以及连岛沙洲（连接一个岛屿与陆地或两个岛屿的沙脊）是在沿滩漂移和沿岸流作用下形成的沉积地貌。大西洋和墨西哥湾海岸地区具有大量的离岸障壁岛，障壁岛是平行于海岸的较低的狭窄沙脊。

- 海岸可以根据其相对海平面的改变来进行分类。上升海岸是陆地隆起或海平面下降的地点。海岸阶地是抬升到海岸上的地貌。下沉海岸是陆地下沉或海平面上升的地方。下沉海岸的特征之一是有被淹没的河谷，它被称为河口。

- 太平洋海岸的主要问题是沉积物缺乏造成的海滩缩小。人们在流向海岸（因此也带来泥沙）的河流上游修建了水坝，导致泥沙在到达海滩之前就被水库拦截了。变得更窄的海滩对波浪的阻力更小，导致了海滩后侧的峭壁被侵蚀。

- 硬加固建筑是指为防止沙质流动，沿海岸建造的建筑物。拦沙坝的方向垂直于海岸，其目的在于减缓沿岸流对海滩的侵蚀。防波堤平行于海岸，但离海岸较远，其目的一般在于削弱波浪对船只的影响。与防波堤类似，海堤也平行于海岸，但修建在海岸线上。硬加固建筑一般会加剧沿岸其他区域的侵蚀。

- 人工育滩是硬加固建筑的一种昂贵的替代措施。将其他地区的泥沙运送至海滩以进行暂时的物质补充。硬加固建筑的另一种替代措施是将建筑由高危区迁移至安全地区，并让海滩自然演变。

- 潮汐是每日海面高度的周期性变化，因月球和太阳的引力牵引而产生，其中太阳的影响较小。当地球、月球和太阳几乎排列在一条直线上（新月或满月）时，潮差达到最高（大潮）。在上弦月和下弦月时，月球、太阳的牵引水体的引力呈直角，由于这两个力互相抵消一部分，因此潮差最小（小潮）。

未来，属于终身学习者

我们正在亲历前所未有的变革——互联网改变了信息传递的方式，指数级技术快速发展并颠覆商业世界，人工智能正在侵占越来越多的人类领地。

面对这些变化，我们需要问自己：未来需要什么样的人才？

答案是，成为终身学习者。终身学习意味着永不停歇地追求全面的知识结构、强大的逻辑思考能力和敏锐的感知力。这是一种能够在不断变化中随时重建、更新认知体系的能力。阅读，无疑是帮助我们提高这种能力的最佳途径。

在充满不确定性的时代，答案并不总是简单地出现在书本之中。"读万卷书"不仅要亲自阅读、广泛阅读，也需要我们深入探索好书的内部世界，让知识不再局限于书本之中。

湛庐阅读 App: 与最聪明的人共同进化

我们现在推出全新的湛庐阅读 App，它将成为您在书本之外，践行终身学习的场所。

- 不用考虑"读什么"。这里汇集了湛庐所有纸质书、电子书、有声书和各种阅读服务。
- 可以学习"怎么读"。我们提供包括课程、精读班和讲书在内的全方位阅读解决方案。
- 谁来领读？您能最先了解到作者、译者、专家等大咖的前沿洞见，他们是高质量思想的源泉。
- 与谁共读？您将加入优秀的读者和终身学习者的行列，他们对阅读和学习具有持久的热情和源源不断的动力。

在湛庐阅读 App 首页，编辑为您精选了经典书目和优质音视频内容，每天早、中、晚更新，满足您不间断的阅读需求。

【特别专题】【主题书单】【人物特写】等原创专栏，提供专业、深度的解读和选书参考，回应社会议题，是您了解湛庐近千位重要作者思想的独家渠道。

在每本图书的详情页，您将通过深度导读栏目【专家视点】【深度访谈】和【书评】读懂、读透一本好书。

通过这个不设限的学习平台，您在任何时间、任何地点都能获得有价值的思想，并通过阅读实现终身学习。我们邀您共建一个与最聪明的人共同进化的社区，使其成为先进思想交汇的聚集地，这正是我们的使命和价值所在。

CHEERS

湛庐阅读 App
使用指南

读什么
- 纸质书
- 电子书
- 有声书

与谁共读
- 主题书单
- 特别专题
- 人物特写
- 日更专栏
- 编辑推荐

怎么读
- 课程
- 精读班
- 讲书
- 测一测
- 参考文献
- 图片资料

谁来领读
- 专家视点
- 深度访谈
- 书评
- 精彩视频

HERE COMES EVERYBODY

下载湛庐阅读 App
一站获取阅读服务